Trainingsheft

Fundamente

Dr. Wilfried Korby
Arno Kreus
Norbert von der Ruhren

Ernst Klett Verlag
Stuttgart · Leipzig

Zur Benutzung des Trainingsheftes

Dieses Trainingsheft ermöglicht Ihnen eine zielgerichtete Vorbereitung auf Klausuren sowie die schriftliche und mündliche Abiturprüfung. Dabei ist zwar zu bedenken, dass – trotz der Vereinbarungen der Kultusministerkonferenz (KMK) – die Abiturprüfungen in den einzelnen Bundesländern z.T. Unterschiede aufweisen. Das muss Sie aber nicht verunsichern, denn dieses Heft gibt Hilfestellungen, die unabhängig von den Bestimmungen in den einzelnen Bundesländern sind. Sie sind ohne Ausnahme für Sie relevant, egal wo in Deutschland Ihre Schule liegt.

Im Mittelpunkt des ersten Teils steht das Training anhand von Aufgabenbeispielen aus schriftlichen Abiturprüfungen. An ausgewählten Operatoren und Materialien können Sie Ihr Aufgabenverständnis überprüfen und weiterentwickeln. Das reicht vom Erfassen der Anforderungen, die mit den Operatoren verbunden sind, bis hin zu weiteren Konkretisierungen, die in der Aufgabenformulierung vorgenommen werden. Gleichzeitig können Sie mit diesem Heft wichtige Arbeitsmethoden und den fachgerechten Umgang mit geographischen Arbeitsmaterialien wiederholen und üben.
Dazu wird für jeden Operator eine Beispielaufgabe formuliert, die mit oder ohne Material zu bearbeiten ist. Sodann wird das Vorgehen bei der Lösung der Beispielaufgabe in drei Schritten dokumentiert:

- Erfassen der Anforderungen der Aufgabe,
- Bewusstmachen der zur Lösung erforderlichen Kompetenzen,
- Hinweise zum Finden der Lösung.

Für jedes Beispiel finden Sie zudem einen kompletten Lösungsvorschlag.
Die jeweils nächste Seite bietet Ihnen weitere Übungsaufgaben zum Trainieren. Dazu ein Tipp: Zur Intensivierung des Trainings können Sie die gesamte linke Seite abdecken, so dass Sie nur die Beispielaufgabe und das Material sehen. Dann können Sie zunächst selbst Schritte zur Aufgabenlösung formulieren. Die Lösungsvorschläge finden Sie übrigens in der Internetbegleitung dieses Heftes.

Der zweite Teil des Heftes ermöglicht Ihnen Ihr in der Sekundarstufe II erworbenes Wissen zu überprüfen und zu festigen. Mit Hilfe der Testaufgaben und den Lösungen können Sie überprüfen, ob Sie die fachlichen Inhalte der einzelnen Teilkapitel des Schülerbuches präsent haben.

Im dritten Teil des Heftes finden Sie zunächst eine komplette Klausur mit Materialien und Aufgaben als Übungs- und Anwendungsbeispiel:

- Danach folgen zwölf allgemeine Tipps zur Bearbeitung einer Klausur.
- Sodann werden Ihnen eine gelungene und eine weniger gelungene Schülerlösung mit Lehrerkommentaren zu dieser Klausur vorgestellt.
- Zur Bewertung der beiden Schülerlösungen erhalten Sie schließlich einen Auswertungsbogen, mit dessen Hilfe Sie die Leistung der beiden Schüler bewerten können. Ein vorgegebener Punkteschlüssel soll Ihnen dabei die Arbeit erleichtern.

Trainieren heißt üben. Damit dies möglich ist, finden Sie im vierten Teil weitere Klausurbausteine mit kurzen Lösungshinweisen, teilweise mit realen Schülerlösungen und entsprechenden Lehrerkommentaren; auch die Möglichkeit von eigenen Kommentaren und Bewertungen ist gegeben.

Die mündliche Abiturprüfung stellt z.T. andere Anforderungen als eine Klausur dar. Vor einem Prüfungsausschuss müssen sie nämlich Sachverhalte verbal darlegen, wobei Sie durch den Prüfer in ein Gespräch eingebunden werden. Um Sie gezielt auf diese Situation vorzubereiten, finden Sie zum Schluss des Heftes einige konkrete Hilfen:

- zunächst vier wichtige Fragen für eine planvolle Vorbereitung,
- sodann elf Tipps zur Gestaltung der mündlichen Prüfung und
- schließlich ein Trainingsbeispiel mit Aufgaben, Materialien und kurzen Lösungshinweisen.

Am Ende steht der Erfolg. Haben Sie dieses Heft gründlich durchgearbeitet, kann eigentlich kaum noch etwas schiefgehen. Die von Ihnen erwarteten oder erhofften Punkte müssten möglich sein.
Viel Erfolg beim Trainieren!

1 Umgang mit Operatoren

Schriftliches Abitur und mündliche Prüfungen

Nach einer Vereinbarung der Kultusminister sollen die Prüfungsanforderungen im Abitur in allen Bundesländern vergleichbar sein. Diese Vergleichbarkeit soll dadurch erreicht werden, dass sich die Prüfungsaufgaben bzw. Klausuren an drei Anforderungsbereichen orientieren (nebenstehende Übersicht).

Um diesen Anforderungsbereichen gerecht zu werden, sind ihnen sogenannte Operatoren zugeordnet. Sie sind als Verben formuliert (z. B. nennen, erläutern, beurteilen) und geben an, was der Prüfling konkret tun soll. Das soll den Prüflingen auch das Verständnis für die Aufgabenstellung erleichtern.

Die Anforderungsbereiche und die Art der Aufgabenstellung gelten für die schriftliche und mündliche Abiturprüfung, genauso wie für die Klausuren während der gesamten Oberstufe.
Die Operatoren werden auch bei den Arbeitsaufträgen zu den einzelnen Kapiteln dieses Heftes und des Fundamente-Bandes verwendet. Sie decken aber nicht alle Aufgabentypen eines Schulbuches ab, da dessen primäre Funktion nicht im Abfragen bzw. Prüfen liegt. Es verfolgt auch andere, weitergehende Ziele, so dass gelegentlich auch andere Operatoren auftauchen.

Anforderungsbereich I

Reproduktion
Der Anforderungsbereich I umfasst die Wiedergabe von Sachverhalten aus einem begrenzten Gebiet und im gelernten Zusammenhang sowie die Verwendung gelernter und geübter Arbeitstechniken und Methoden.

Anforderungsbereich II

Reorganisation und Transfer
Der Anforderungsbereich II umfasst das selbstständige Bearbeiten, Ordnen und Erklären bekannter Sachverhalte sowie das angemessene Anwenden gelernter Inhalte und Methoden.

Anforderungsbereich III

Reflexion und Problemlösung
Der Anforderungsbereich III umfasst den reflexiven Umgang mit neuen Problemstellungen sowie das selbstständige Anwenden von Methoden mit dem Ziel, zu Begründungen, Deutungen, Beurteilungen und Handlungsoptionen zu gelangen.

Beispiele:
- Nennen Sie Erscheinungsformen regionaler Disparitäten.
- Beschreiben Sie den weltweiten Verstädterungsprozess.
- Arbeiten Sie unterschiedliche Formen von Plattengrenzen heraus.
- Ermitteln Sie aktuelle Daten mithilfe des Internets.
- Charakterisieren Sie verschiedene Energieformen.

Erläuterungen:
nennen: entweder Informationen aus vorgegebenem Material unkommentiert entnehmen oder Kenntnisse ohne Materialvorgabe anführen
beschreiben: wesentliche Informationen aus vorgegebenem Material oder aus Kenntnissen mit eigenen Worten geordnet und fachsprachlich angemessen wiedergeben
herausarbeiten: Informationen und Sachverhalte unter bestimmten Gesichtspunkten aus vorgegebenem Material entnehmen, wiedergeben oder ggf. berechnen
ermitteln: durch Nachforschen herausfinden und feststellen
charakterisieren: Sachverhalte und Vorgänge mit ihren typischen Merkmalen beschreiben und in ihren Grundzügen bestimmen

Beispiele:
- Erstellen Sie ein Wirkungsgeflecht.
- Stellen Sie die Grundidee der Standorttheorie Webers dar.
- Ordnen Sie Ihren Schulort in das System der Zentralen Orte ein.
- Analysieren Sie den Einfluss des Klimas auf die Bodenbildung.
- Erklären Sie den Funktionswandel städtischer Räume.
- Erläutern Sie die Bildung von Erzlagerstätten.
- Begründen Sie, warum nicht aus jeder Wolke Niederschläge fallen.
- Vergleichen Sie die EU mit anderen Wirtschaftsräumen.

Erläuterungen:
erstellen: Sachverhalte inhaltlich und methodisch angemessen darstellen (z. B. Fließschema, Wirkungsgefüge, Mindmap, Diagramm, Referat)
darstellen: Sachverhalte, Strukturen und Zusammenhänge beschreiben und (u. U. auch mithilfe einer Skizze) verdeutlichen
ein-, zuordnen: Sachverhalte, Vorgänge begründet in einen vorgegebenen Zusammenhang stellen
analysieren: Materialien oder Sachverhalte systematisch durch gezielte Fragen untersuchen, diese beantworten und die Antworten begründen
erklären: Begründungszusammenhänge, Voraussetzungen und Folgen bestimmter Strukturen und Prozesse darlegen; Informationen begründet in einen Zusammenhang stellen (z. B. Theorie, Modell, Gesetz, Regel)
erläutern: Sachverhalte im Zusammenhang beschreiben und anschaulich mit Beispielen oder Belegen erklären bzw. verdeutlichen
begründen: komplexe Grundgedanken argumentativ schlüssig entwickeln und im Zusammenhang darstellen
vergleichen: Gemeinsamkeiten und Unterschiede zwischen (vergleichbaren) Strukturen oder Prozessen gewichtend einander gegenüberstellen und ein Ergebnis formulieren

Beispiele:
- Interpretieren Sie eine Karikatur.
- Überprüfen Sie den geographischen Stadtbegriff, indem Sie dessen Kriterien auf Ihren Schulort anwenden.
- Nehmen Sie Stellung zu Maßnahmen der Entwicklungspolitik in einem Land.
- Erörtern Sie die Aussagekraft des Human Development Index (HDI).
- Beurteilen Sie die Folgen von Stadtsanierungsmaßnahmen.
- Gestalten Sie eine Präsentation zu möglichen Klimaschutzmaßnahmen im Nahraum.

Erläuterungen:
interpretieren: einen Sachverhalt oder eine Darstellung beschreiben, ursächlich erklären, Schlüsse daraus ziehen und bewerten
prüfen/überprüfen: vorgegebene Aussagen bzw. Behauptungen an Fakten oder an der inneren Logik messen und dabei eventuelle Widersprüche aufzeigen
Stellung nehmen: zu einem Sachverhalt, zu einer Aussage oder Behauptung unter Abwägung unterschiedlicher Argumente eine begründete eigene Position beziehen
erörtern / diskutieren: zu einer vorgegebenen Problemstellung durch Abwägen von Für- und Wider-Argumenten ein abgewogenes Urteil fällen
beurteilen / bewerten: auf der Basis von Fachkenntnissen, Materialinformationen oder eigenen Schlussfolgerungen unter Offenlegung der angewendeten Wertmaßstäbe zu einer sachlich fundierten, qualifizierenden Einschätzung gelangen bzw. eine begründete eigene Meinung entwickeln
gestalten: sich produkt-, rollen- bzw. adressatenorientiert mit einem Problem durch Entwerfen z. B. von Reden, Streitgesprächen, Strategien, Szenarien, Modellen oder Präsentationen auseinandersetzen

➔ ***beschreiben:*** wesentliche Informationen aus vorgegebenem Material oder aus Kenntnissen mit eigenen Worten geordnet und fachsprachlich angemessen wiedergeben

1.1 Operator „Beschreiben“

Beispielaufgabe

Beschreiben Sie die jeweils grundlegenden exogenen Prozesse bei der Entstehung von Sandstein, Kalkstein und Löss.

So sollten Sie vorgehen

1. Was fordert die Aufgabe von Ihnen?

Im vorliegenden Beispiel fordert dieser Operator von Ihnen, dass Sie für die Gesteine Sandstein, Löss und Kalkstein die „grundlegenden exogenen Prozesse“ in strukturierter Form anführen, so dass das Wesentliche ihrer Entstehung deutlich wird. Es geht also nicht darum, dass Sie nur Fakten nennen, sondern Sie müssen sie in einem zusammenhängenden, in sich schlüssigen Text vorstellen. Dabei sollten Sie sich auf wesentliche Prozesse beschränken, ein „Verlieren“ in Details oder Ausnahmen würde die Systematik der Darstellung beeinträchtigen.

Von Ihnen wird aber nicht verlangt, dass Sie Ursachen oder Zusammenhänge erläutern. Sie müssen die Prozesse auch nicht in den Kreislauf der Gesteine einordnen oder die Bindung an den Ursprungsort der Gesteine darstellen.

2. Über welche Kompetenzen sollten Sie verfügen?

Sie sollten die Einteilung der Gesteine nach ihrer Entstehung kennen. Außerdem sind Kenntnisse über exogene Prozesse erforderlich. Dies sollten Sie auf die drei Gesteine mit ihren spezifischen Besonderheiten anwenden können. Eine Voraussetzung ist aber auch, dass Sie strukturierte, zusammenhängende Texte erstellen können, die alle wesentlichen, auf die Aufgabe bezogenen Fakten sinnvoll verknüpfen.

3. Wie finden Sie eine Lösung?

Zunächst sollten Sie sich orientieren, in welche Gesteinsgruppe die Gesteine einzuordnen sind. Im zweiten Schritt müssen Sie erarbeiten, welche exogenen Prozesse der Entstehung von Sedimentgesteinen zugrunde liegen: Verwitterung – Abtragung – Transport – Ablagerung.

In einem folgenden Schritt sollten Sie für jedes der Gesteine konkretisieren:

- Welche Verwitterungsformen sind typisch?
- Wie erfolgen Abtragung und Transport?
- Wo wird das transportierte Material abgelagert?

Hilfreich könnte für Sie hier eine kleine Übersicht sein, die die herausgearbeiteten Fakten ordnet:

Gestein	Sandstein	Kalkstein	Löss
vorausgegangene Verwitterungsform	physikalisch	meist chemisch, mitunter biogen	physikalisch
vorwiegend Transport durch	fließendes Wasser, Wind, Eigengewicht	Wasser	Wind, fließendes Wasser
Sedimentationsort	sowohl Festland als auch Meer	meist im Meer (Ausfällung)	Festland

Sie sollten dann die entsprechenden Fachbegriffe für die Klassifizierung der Gesteine zuordnen: marine und terrestrische Sedimente.

Damit haben Sie für den letzten Schritt, die zusammenhängende, schlüssige Beschreibung, eine gute Grundlage.

Wie könnte Ihre Lösung aussehen?

Bei allen drei Gesteinen handelt es sich um Sedimentgesteine. Vorausgegangen ist also die Verwitterung, bei Löss und Sandstein in erster Linie die physikalische bzw. mechanische Verwitterung. Kalkstein als chemisches Sediment wird meist durch Kohlensäureverwitterung gelöst und später in übersättigten Lösungen ausgefällt, möglich ist auch eine biogene Bildung durch die Ablagerung von Schalenresten, Korallen usw., so dass Muschel- oder Korallenkalk entsteht. Die Sedimentation erfolgt bei Kalkstein meist im Meer, es ist ein marines Sediment.

Löss kann in Flug- und Schwemmlöss unterteilt werden. Der Entstehung von Fluglöss geht die Auswehung von Feinmaterial (Schluff bis Feinsand aus Moränengebieten oder innerkontinentalen Steppen und Wüsten) durch den Wind voraus. Er transportiert und bei nachlassender Transportleistung lagert er den Löss im Vorland der Gebirge oder an natürlichen Hindernissen (Vegetation, Windschatten), also auf dem Land als terrestrisches Sediment ab. Bei Schwemmlöss erfolgen Abtragung, Transport und Ablagerung durch das fließende Wasser in Abhängigkeit von der Fließgeschwindigkeit.

Sandstein wird meist durch Wasser (Niederschläge) und Wind abgetragen. Der Transport erfolgt häufig durch das fließende Wasser ins Meer, so dass marine Sedimente entstehen. Das Gestein kann aber auch durch Wind oder fließendes Wasser auf dem Land umgelagert werden, so dass sich terrestrische Sedimente bilden.

Bei allen drei Gesteinen erfolgt die Ablagerung zunächst als Lockersediment. Erst durch die Diagenese, also eine Verfestigung der abgelagerten Schichten, kommt es zur Bildung der Festsedimente Sandstein, Kalkstein, Lössgestein.

M1 Eurostat, http://epp.eurostat.ec.europa.eu/; Zugriff 03/2011

M3 WTO, http://stat.wto.org/StatisticalProgram; Zugriff 05/2011
http://wko.at/statistik/Laenderprofile/lp-china
Zugriff 04/2014

Übungsaufgaben

1. M1 zeigt den Altersaufbau ausgewählter Einwanderergruppen in Spanien. **Beschreiben** Sie die grundlegenden Unterschiede.

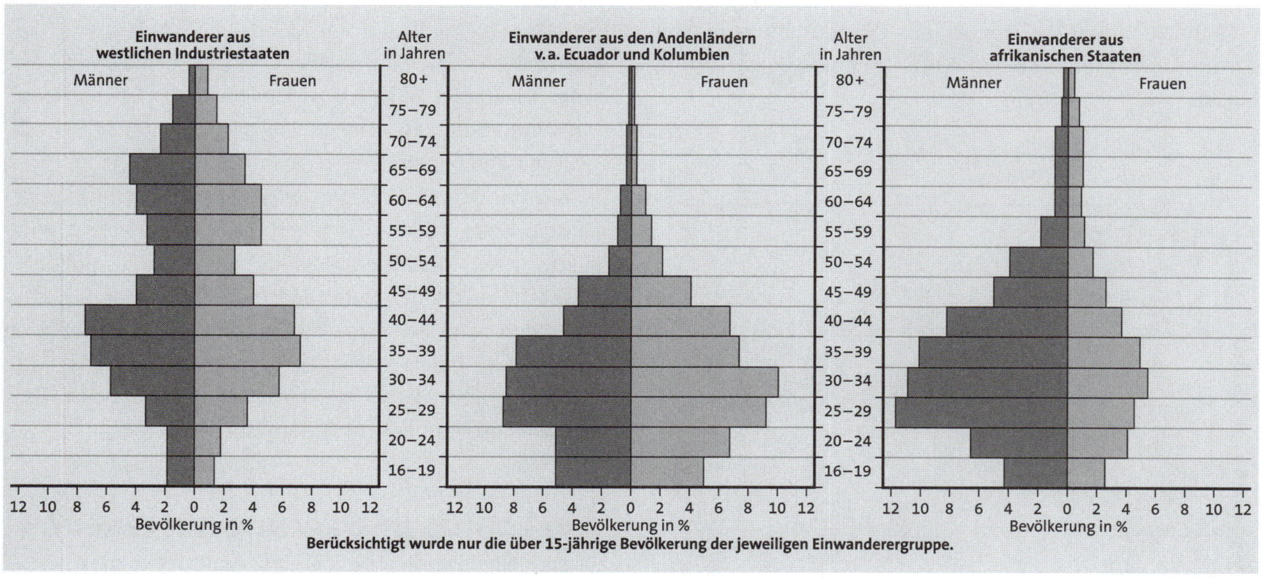

1 **Altersaufbau ausgewählter Einwanderergruppen in Spanien 2007 (Angaben in %)**

2. Beschreiben Sie – ausgehend von der Karikatur 2 – den Prozess der Suburbanisierung.

2

3. Beschreiben Sie die Entwicklung der Roh- und Brennstoffimporte Chinas und deren Auswirkungen auf den globalen Rohstoffmarkt.

	1982	**2003**	**2012**
BIP pro Kopf in US-$	290	890	6073
Anteil der Sektoren am BIP (%)			
– Primärer Sektor	31	15	10
– Sekundärer Sektor	47	51	45
– Tertiärer Sektor	22	34	45
Import in Mrd US-$	18,9	412,8	1818,4
davon in %			
Nahrungsmittel	22,4	0	0
Rohstoffe	15,5	8,3	k. A.
Mineralische Brennstoffe	9,5	6,5	k. A.
Eisen und Stahl	9,3	5,3	k. A.
Garne, Gewebe	4,4	3,4	k. A.
Kunststofferzeugnisse	15,2	11,9	k. A.
Elektrische Maschinen, davon	0	19,3	k. A.
Nachrichtentechnik, Radio, TV	0	4,7	k. A.
Büromaschinen	0	5,9	k. A.
Spezialmaschinen, Fahrzeuge	16,6	5,1	k. A.
Export in Mrd. US-$	21,9	438,4	2048,7
davon in %			
Nahrungsmittel	13,4	4,0	k. A.
Rohstoffe	7,4	0	k. A.
Mineralische Brennstoffe	23,8	0	k. A.
Garne, Gewebe	20,9	6,1	k. A.
Kunststofferzeugnisse	5,4	4,5	k. A.
Elektrische Maschinen, davon	5,7	9,7	k. A.
Nachrichtentechnik, Radio, TV	0	10,3	k. A.
Büromaschinen	0	14,3	k. A.
Bekleidung	0	11,9	k. A.
Metallwaren	4,6	3,4	k. A.
Schuhe	0	3,0	k. A.

3 **Ausgewählte Daten zur Wirtschaftsstruktur Chinas**

herausarbeiten: Informationen und Sachverhalte unter bestimmten Gesichtspunkten aus vorgegebenem Material entnehmen, wiedergeben oder gegebenenfalls berechnen

1.2 Operator „Herausarbeiten“

Beispielaufgabe

Arbeiten Sie die Wirkung unterschiedlicher Fließgeschwindigkeiten auf Schluff mit einem Korndurchmesser von 0,01 mm, Sandpartikel mit einem Korndurchmesser von 0,6 mm sowie Kies mit einem Korndurchmesser von 20 mm **heraus**.

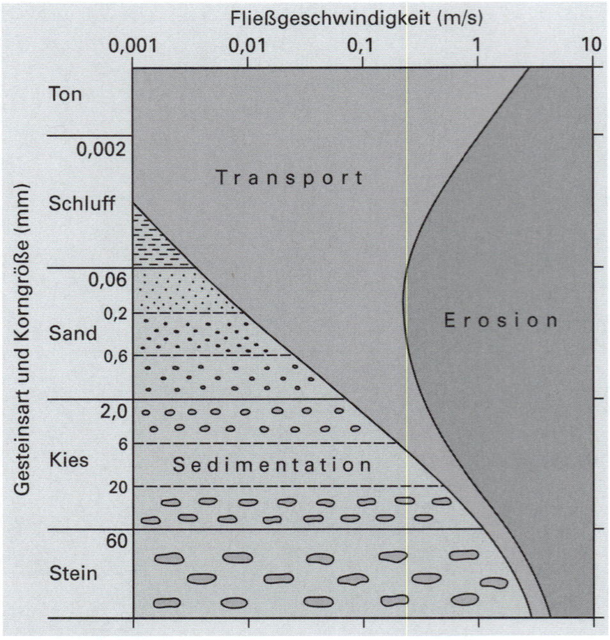

1 Erosion, Transport und Sedimentation in Abhängigkeit von Korngröße und Fließgeschwindigkeit

So sollten Sie vorgehen

1. Was fordert die Aufgabe von Ihnen?

In diesem Fall erfordert der Operator, die Wirkung der Fließgeschwindigkeit (das ist der leitende Gesichtspunkt) auf verschiedene Materialien mit jeweils unterschiedlichem Durchmesser zu erfassen und darzustellen.

Die Aufgabenstellung verlangt von Ihnen einerseits mehr als „Nennen“. Andererseits ist aber keine Erklärung notwendig. Es muss zum Beispiel nicht erklärt werden, weshalb bei Fließgeschwindigkeiten von mehr als 1m/s fast keine Sedimentation mehr stattfindet.

2. Über welche Kompetenzen sollten Sie verfügen?

Im Unterricht haben Sie gelernt, Informationen aus Diagrammen zu entnehmen und dabei auf die Legende sowie die Beschriftung und Skalierung der Achsen zu achten. Mit ihren erworbenen Kenntnissen können Sie folgende Fachbegriffe anwenden: Korngröße, Ton, Schluff, Sand, Kies, Steine; Sedimentation; Erosion; Fließgeschwindigkeit. Mit diesem Wissen und ihren Kenntnissen über Erosions- und Sedimentationsprozesse sowie der Fähigkeit zum Lesen von Diagrammen können Sie die Wirkung unterschiedlicher Fließgeschwindigkeiten herausarbeiten.

3. Wie finden Sie eine Lösung?

Lesen Sie sich zunächst in das Diagramm ein und stellen Sie fest, dass

- die beiden Achsen unterschiedlich skaliert sind und
- das Diagramm Angaben zu Erosion, Transport und Sedimentation und zwar in Abhängigkeit von Fließgeschwindigkeit und Korngröße macht.

Im nächsten Schritt ist es sinnvoll, von den in der Aufgabe genannten Korngrößen auszugehen. Dazu legen Sie ein „imaginäres Gitter“ über die Abbildung (ein Lineal als erlaubtes Hilfsmittel wird Ihnen gute Dienste leisten). Lesen Sie dann ausgehend vom jeweiligen Material mit einer bestimmten Korngröße ab, bis zu welcher Fließgeschwindigkeit das Material sedimentiert oder transportiert wird und ab welcher Fließgeschwindigkeit es erosiv wirksam ist.

Wie könnte Ihre Lösung aussehen?

Für die kleinste Korngröße Schluff (0,01 mm) gilt, dass

- bei Fließgeschwindigkeiten von 0,001 bis 1 m pro Sekunde im fließenden Gewässer transportiert wird,
- zur Erosion beiträgt, wenn die Fließgeschwindigkeit 1 m pro Sekunde überschreitet.

Für Sand mit einem Korndurchmesser von 0,6 mm gilt:

- beträgt die Fließgeschwindigkeit bis etwa 0,05 m/s, erfolgt Sedimentation,
- Sand wird transportiert bei Fließgeschwindigkeiten zwischen 0,05 und 0,2 m/s,
- ist die Fließgeschwindigkeit größer als 0,2 m/s, kann Sand erosiv wirken.

Für Kies mit einem Korndurchmesser von 20 mm gilt:

- Sedimentation erfolgt bis zu einer Fließgeschwindigkeit von etwa 0,7 m/s,
- Kies wird bei Fließgeschwindigkeiten zwischen 0,7 und 1 m/s transportiert und
- bei Fließgeschwindigkeiten mit mehr als 1 m/s hat er erodierende Wirkung.

Generell lässt sich sagen, dass die Fließgeschwindigkeit unterschiedlich auf Materialien mit unterschiedlichen Korngrößen wirkt. Folgende Regel lässt sich formulieren: Je größer die Fließgeschwindigkeit ist, desto weniger wird sedimentiert. Das gilt für alle Korngrößen.

Übungsaufgaben

1. Arbeiten Sie rechnerisch mithilfe von M2 **heraus**, wie lange Deutschland, die USA und Kanada ihren Erdölverbrauch mit den eigenen Erdölreserven decken könnten.

	Erdölförderung (1000 Barrel/Tag)	Erdölreserven (tausend Mio. Barrel)	Erdölverbrauch (tausend Barrel/Tag)
Welt	86152	1668,9	89774
Russland	10643	87,2	3174
Kanada	3741	173,9	2412
USA	8905	35	18555
Saudi-Arabien	11530	265,9	2935
Deutschland	52[1]	0,24[1]	2358

[1] eigene Berechnung

2 Erdöl: Förderung, Reserven und Verbrauch 2012

2. Arbeiten Sie aus M3 grundlegende wirtschaftsgeographische Entwicklungen **heraus**.

	2003	2005	2010	Prognose 2015
Land- und Forstwirtschaft, Fleischerei	20816	20176	19000	17700
Produzierendes Gewerbe	312969	298902	274000	252100
Energie- u. Wasserversorgung, Bergbau	9486	9118	8300	7600
Verarbeitendes Gewerbe	245136	233273	213000	197000
Baugewerbe	58347	56511	52700	47500
Dienstleistungssektor	1148260	1185070	1239300	1292600
Handel, Gastgewerbe	289228	300071	307800	314500
Verkehr und Nachrichtenübermittlung	73863	75552	77300	79300
Kreditinstitute, Versicherungsgewerbe	99998	102708	109000	115500
Unternehmensorientierte Dienstleistungen	261872	279289	305500	330800
Sonstige private u. öffentl. Dienstleistungen	423299	427450	439700	452500
Insgesamt	1482045	1504148	1532300	1562400

3 Erwerbstätigenentwicklung in der Region München

M2 2 BP Statistical Review of World Energy 2013. London 2013, S. 6, 8, 93 und Statistisches Bundesamt Wiesbaden, 2011

charakterisieren: Sachverhalte und Vorgänge mit ihren typischen Merkmalen beschreiben und in ihren Grundzügen bestimmen

1.3 Operator „Charakterisieren“

Beispielaufgabe

Charakterisieren Sie die in M 1 erkennbare Luftströmung.

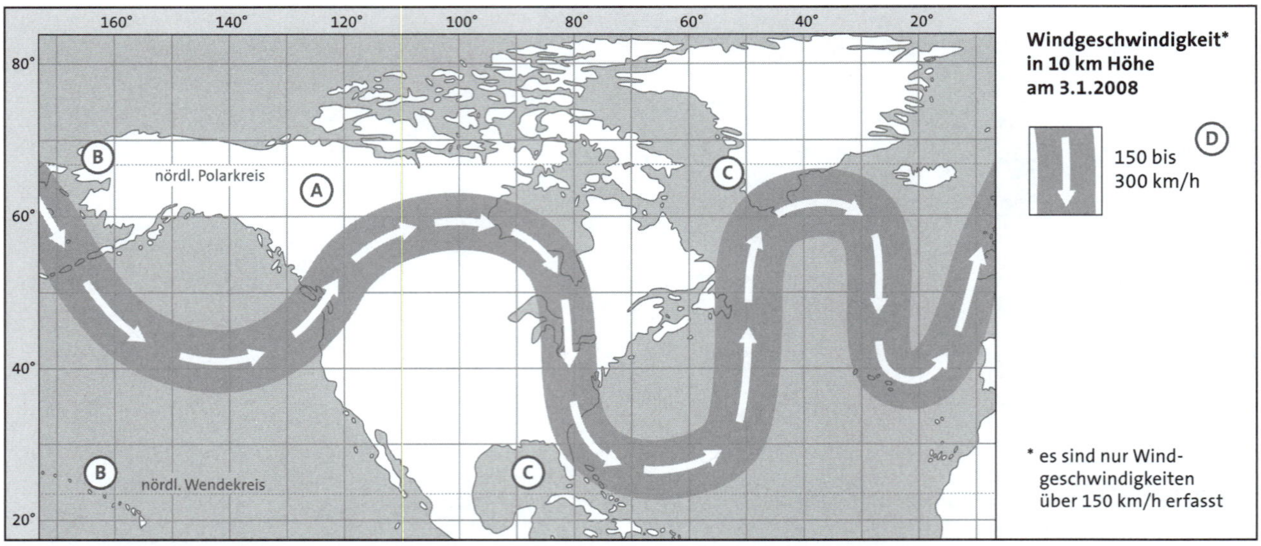

1 **Karte der Windgeschwindigkeiten in 10 km Höhe über Nordamerika und dem Nordatlantik**

So sollten Sie vorgehen

1. Was fordert die Aufgabe von Ihnen?

Im vorliegenden Fall fordert dieser Operator, dass die „erkennbare Luftströmung“ anhand ihrer besonderen Eigenschaften erfasst und dadurch als „Jetstream“ identifiziert wird.

Die Aufgabe verlangt von Ihnen mehr als ein bloßes Beschreiben. Es genügt nicht, aus dem vorgegebenen Material Informationen zur dargestellten Luftströmung zu entnehmen und zusammenhängend wiederzugeben. Die Erfassung wesentlicher Merkmale dient vielmehr dazu, Grundzüge von Sachverhalten herauszuarbeiten und fachsprachlich – z.B. als „Jetstream“– zu kennzeichnen.

Andererseits ist es nicht erforderlich, über den Anforderungsbereich I hinauszugehen und zum Beispiel Erklärungen anzufügen. Die erkennbare Luftströmung muss weder in ihrer Entstehung erläutert noch in das Modell der planetarischen Zirkulation eingeordnet werden.

2. Über welche Kompetenzen sollten Sie verfügen?

Mithilfe der Fähigkeit zur Interpretation einfacher thematischer Karten lassen sich aus dem vorgegebenen Material die benötigten Informationen herausarbeiten. Sie müssen anhand der im Unterricht gewonnenen Kenntnisse über die atmosphärische Zirkulation eingeordnet und bewertet werden.

3. Wie finden Sie eine Lösung?

Erstellen Sie zunächst eine (kurze) Liste sinnvoller Kriterien, mit deren Hilfe Sie den in der Karte 1 dargestellten Vorgang systematisch beschreiben. Aus Ihrem Befund entnehmen Sie nun typische Merkmale, anhand derer sich das Charakteristische dieser Luftströmung bestimmen lässt.

Zweckmäßige Kriterien der Beschreibung sind:

- Lage
- Verlauf
- Richtung
- Höhe
- Geschwindigkeit.

Wie könnte Ihre Lösung aussehen?

Die Beschreibung der Luftströmung ergibt folgenden Befund:

- **(A)** Westströmung auf der Nordhalbkugel
- **(B)** zwischen 25°N und 65°N als relativ eng begrenztes Band ausgeprägt
- **(C)** mäandrierender Verlauf mit starken Ausbuchtungen nach Norden und Süden
- **(D)** hohe Windgeschwindigkeiten von 150–300 km/h in großer Höhe (10 km)

Aus diesen Merkmalen ergibt sich die zusammenfassende Charakterisierung: Bei der erkennbaren Luftströmung handelt es sich um ein eng begrenztes Band hoher Windgeschwindigkeiten in der oberen Troposphäre. Dieses Starkwindband mäandriert als Westströmung zwischen 25°N und 65°N. Es ist sowohl auf der Nord- wie auch auf der Südhalbkugel ausgebildet und wird als „Strahlstrom“ oder „Jetstream“ bezeichnet.

Übungsaufgaben

1. Charakterisieren Sie anhand von Grafik 2 die Entwicklung der weltweiten Erdölversorgung.

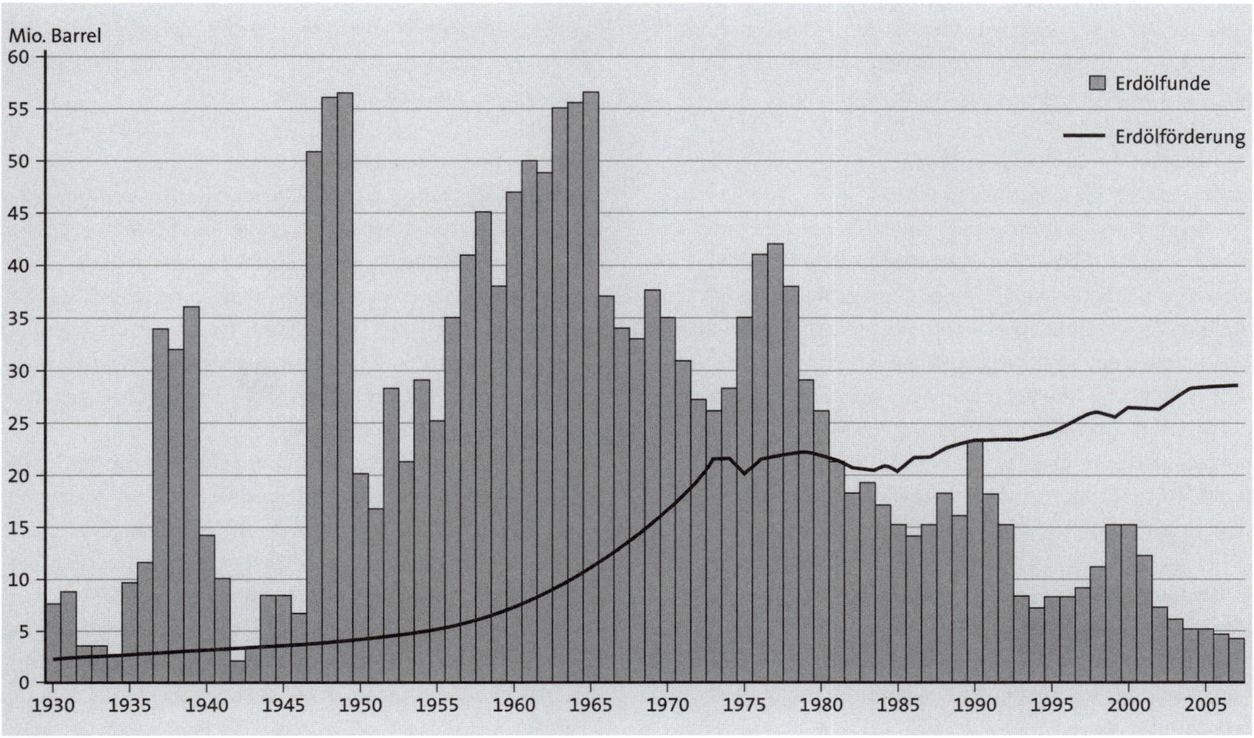

2 **Weltweite Erdölfunde und Erdölförderung 1930–2007**

2. Charakterisieren Sie am Beispiel von Deutschland die Wasserproblematik in humiden Klimazonen.

Wasser in Deutschland – eine unerschöpfliche Ressource?
„Vergleicht man in Deutschland das Wasserdargebot mit dem Bedarf, so scheint es auf den ersten Blick, als sei hier – wie in allen humiden Zonen – Wasser im Überfluss vorhanden. Allerdings ist zu beachten, dass unsere Trinkwasserversorgung zum überwiegenden Teil aus Grundwasservorräten gespeist wird und dass es dabei Räume mit nur geringen Vorkommen gibt. Beispiele solcher Wassermangelgebiete sind Karstlandschaften wie die der Schwäbischen Alb, wo die Niederschläge rasch versickern. Vor allem in Ballungsgebieten übersteigt häufig der Bedarf das Dargebot. In solchen Mangelgebieten müssen Fernversorgungsleitungen für einen Ausgleich sorgen. Auch ist zu bedenken, dass es sich bei den in Wasserbilanzen angegebenen Daten um Mittelwerte aus langjährigen Messungen handelt. Wie die Meldungen über Trockenheiten und Dürren deutlich zeigen, können selbst in humiden Räumen die Niederschläge von Jahr zu Jahr und von Region zu Region stark schwanken. In trockenen und heißen Perioden steht aber nicht nur weniger Wasser aus Niederschlägen zur Verfügung, es gehen auch größere Mengen durch Verdunstung verloren.
Das Bild vom ‚Wasser im Überfluss' muss weiter korrigiert werden, wenn man die Qualität der Vorkommen betrachtet. Zwar sind in den letzten drei Jahrzehnten in Deutschland enorme Anstrengungen unternommen worden, um den Belastungszustand der Vorräte durch den Bau von Klärsystemen zu verbessern. Trotzdem bleibt der Gewässerschutz eine wichtige Zukunftsaufgabe, weil die Ressource Wasser durch unsere Lebens- und Wirtschaftsweise vielfältigen Gefährdungen ausgesetzt ist."

3

M 3 Wilfried Korby: Süßwasser – eine elementare Ressource. In: TERRA Goegraphie Kursstufe Baden-Württemberg 2010, S. 226

erstellen: Sachverhalte inhaltlich und methodisch angemessen darstellen (Fließschema, Wirkungsgefüge, Mindmap, Diagramm, Referat)

1.4 Operator „Erstellen“

Beispielaufgabe

Erstellen Sie – ausgehend von M1 bis M4 – ein Wirkungsgeflecht zu den Ursachen und zu den räumlichen, wirtschaftlichen und sozialen Problemen des städtischen Marginalisierungsprozesses in Entwicklungsländern.

So sollten Sie vorgehen

1. Was fordert die Aufgabe von Ihnen?

Im vorliegenden Fall fordert der Operator, dass Sie unter Einbeziehung der Materialien M1 bis M4 wesentliche Informationen zum städtischen Marginalisierungsprozess in Entwicklungsländern in einem Wirkungsgefüge strukturiert anordnen. Das Erstellen eines Wirkungsgefüges verlangt nicht nur, Informationen übersichtlich darzustellen. Vielmehr kommt es darauf an, zum vorgegebenen Thema zunächst Schlüsselbegriffe herauszuarbeiten bzw. zu benennen. Diese müssen dann so durch Wirkungspfeile sinnvoll miteinander verknüpft werden, dass kausale Zusammenhänge deutlich werden.

2. Über welche Kompetenzen sollten Sie verfügen?

Die Lösung dieser Aufgabe setzt voraus, dass Sie Fotos, Diagramme und Texte sachgerecht auswerten können. Darüber hinaus sollten Sie im Unterricht erarbeitete Grundbegriffe und Erkenntnisse über Verstädterungs- bzw. Metropolisierungs- und Marginalisierungsprozesse in Entwicklungsländern einbringen. Mithilfe dieses Vorwissens und der aus den Materialien gewonnenen Informationen sollten Sie in der Lage sein, themengemäße Schlüsselbegriffe zu bestimmen. Das Erstellen eines Wirkungsgefüges setzt des Weiteren voraus, dass Sie die Fähigkeit besitzen, Begriffe hierarchisch zu ordnen, in vernetzten Zusammenhängen zu denken und komplexe Strukturen grafisch darzustellen.

3. Wie finden Sie eine Lösung?

Zur Lösung der Aufgabe stehen Ihnen ein Foto, ein Balkendiagramm sowie zwei Quellentexte zur Verfügung, die im Hinblick auf die Problemstellung ausgewertet werden müssen. Diese Materialien beziehen sich auf die Metropole Lagos (Nigeria). Von diesem Fallbeispiel „ausgehend“ (Aufgabenformulierung) müssen Sie weitere, im Unterricht gewonnene Erkenntnisse zur Verstädterung in Entwicklungsländern und zum dortigen Marginalisierungsprozess heranziehen.
Aus dem Materialangebot sind nun zunächst entsprechende Schlüsselbegriffe herauszuarbeiten (siehe Hinweise bei den Materialien). Sie sind durch weitere, im Unterricht angesprochene wesentliche Merkmale des städtischen Marginalisierungsprozesses in Entwicklungsländern zu ergänzen.
Zur strukturierten Darstellung gibt die Aufgabenformulierung eine wesentliche Hilfe, indem sie zwischen räumlichen, wirtschaftlichen und sozialen Problemen unterscheidet. Diesen Oberbegriffen sind die gefundenen Schlüsselbegriffe in unterschiedlicher Hierarchie zuzuordnen und durch Wirkungspfeile sinnvoll miteinander zu verknüpfen. Was wirkt worauf ein? Was folgt daraus? Wo bestehen Verflechtungen, Rückkoppelungen?

1 Stadtbild von Lagos/Nigeria

M2 Bundeszentrale für politische Bildung, Bonn
M3 Sonja Ernst: Bundeszentrale für politische Bildung: Megastädte – Lagos, www.bph.de/themen/QM9XLD,3,0, Lagos.html#art3 Zugriff 04/2011
M4 Klaus Brinkbäumer: Elend in Nigeria. In Spiegel ONLINE vom 25.09.2006, www.spiegel.de/panorama/0,1518,438744,00html Zugriff 04/2011

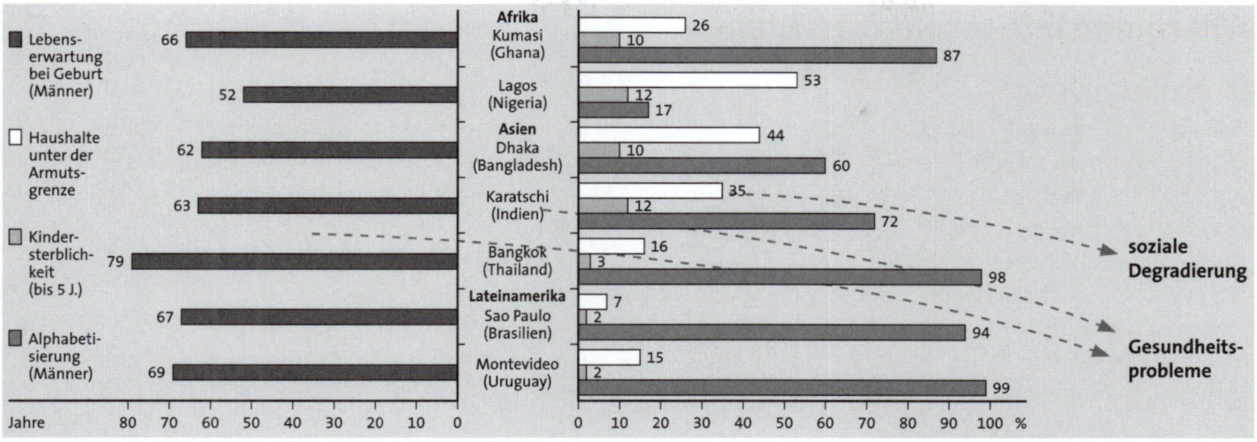

2 **Ausgewählte soziale Indikatoren: Armut, Lebenserwartung und Alphabetisierung in ausgewählten Städten, 2002**

Lagos: Soziale Situation und Infrastruktur

„Die Zahl der Menschen in Slums wächst rapide – in ganz Nigeria. Schon heute leben rund 80 Prozent der städtischen Bevölkerung in Elendsvierteln. Die Zahl der Menschen in Elendsvierteln wächst genauso schnell wie die städtische Bevölkerung insgesamt. Das gilt auch für Lagos. Es wird informell und spontan gebaut, zugleich drohen immer wieder Zwangsvertreibungen. Es gibt zwar ein staatliches Wohnungsbauprogramm, doch deckt dieses nicht den Bedarf ... Der private Wasserkonsum [liegt] im Durchschnitt bei 45 Litern pro Person am Tag – für Lagos insgesamt [Zum Vergleich: Köln täglich 247 Liter]. Hinzu kommt, dass die Bewohnerinnen und Bewohner informeller Siedlungen überteuerte Preise für (Trink-)Wasser zahlen. Zumeist sind sie auf private Wasserverkäufer angewiesen, die die Preise unkontrolliert nach oben treiben können. Schmutziges Wasser und fehlende Sanitäranlagen zählen zu den drängendsten Probleme Lagos."

- **Marginalisierung breiter Bevölkerungsschichten**
- **illegale Landnahme, Elendssiedlungen**
- **Zersiedelung**
- unzureichende Versorgung
- weitere Verarmung
- **Verschärfung der sozialen Gegensätze**
- **Überlastung der städtischen Infrastruktur**

3

In den Slums von Lagos

„John ... lebte in Ijora ... in Holzhütten, die auf Stegen über Tümpeln und Flussläufen standen. Zwei Männer wohnten dort auf acht Quadratmetern. Sie teilten sich die Hütten nach Schichten: Wer nachts arbeitete, wohnte tagsüber, und umgekehrt. Müll lag vor und unter den Hütten, Ratten liefen herum ... Schlägerbanden zogen grölend herum und legten Feuer, wenn einer das Schutzgeld nicht zahlen wollte ... Lagos ist Stau: eine einzige Masse von Autos, und zwischen den Autos zwängen sich Blinde, Krüppel, zehn-, zwölfjährige Jungs hindurch, auf den Köpfen Eimer mit Getränken. Sie flehen die Fahrer an, manchmal reichen sie die Getränke nach innen ... Lagos riecht nach Urin, nach Schweiß. Nach brennenden Müllbergen, nach feuchtem Müll und faulem Wasser. Nach Benzin und nach Abgasen. Vor den Tankstellen lange Schlangen, hier: im Land des Öls. Die Männer von Lagos trinken morgens um zehn, die Frauen tragen zu viele Kinder herum."

- **Kriminalität**
- **Überlastung**
- **suche nach Nischen zum Überleben**
- **Ausweitung des informellen Sektors**
- **Überlastung der natürlichen Ressourcen**
- **Umweltbelastung**

4

Wie könnte Ihre Lösung aussehen?

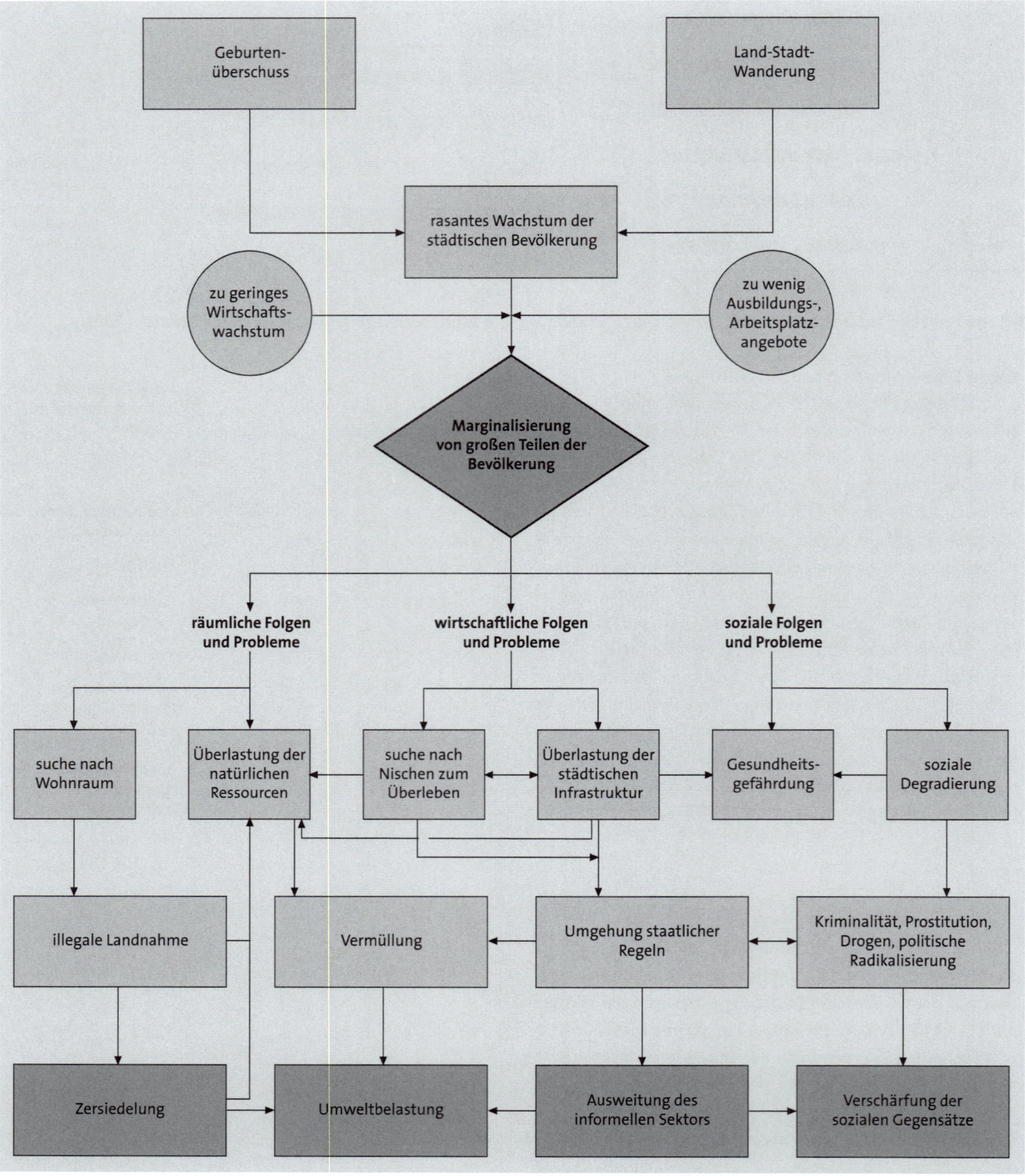

5 **Städtische Marginalisierungsprozesse in Entwicklungsländern: Ursachen sowie räumliche, wirtschaftliche und soziale Folgen**

Übungsaufgaben

1. Erstellen Sie eine beschriftete Profilzeichnung einer typischen Steilküste.

2. In vielen Metropolen ist weltweit die Bevölkerung in den letzten Jahren explosionsartig gewachsen. Gleichzeitig ist zu beobachten, dass in vielen städtischen Ballungsräumen die Jahresdurchschnittstemperatur im Vergleich zum Umland um bis zu 1,5 Grad Celsius angestiegen ist.
Erstellen Sie ein Wirkungsgefüge zu den anthropogenen Ursachen der Temperaturerhöhung in städtischen Räumen gegenüber dem Umland.

darstellen: Sachverhalte, Strukturen und Zusammenhänge beschreiben und (unter Umständen auch mithilfe einer Skizze) verdeutlichen

1.5 Operator „Darstellen“

Beispielaufgabe

Mecklenburgs Küsten stellen aus physisch-geographischer Sicht dynamische Räume dar. So hat sich die Gestalt der Insel Hiddensee seit ihrer Entstehung durch unterschiedliche morphologische Prozesse deutlich verändert.

Stellen Sie die Entstehungszusammenhänge zwischen der Steilküste am nördlichen Dornbusch (1) und der Küstenform in den Abschnitten (2) und (3) **dar**.

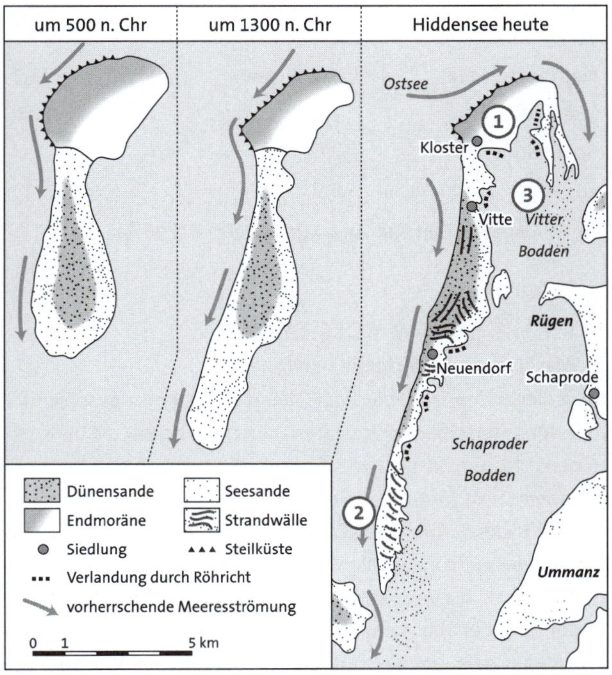

1 Die Entwicklung der Insel Hiddensee in den letzten 1500 Jahren

So sollten Sie vorgehen

1. Was fordert die Aufgabe von Ihnen?

Bei dieser Aufgabe geht es darum, die Veränderung der Küstenverläufe von 500 n. Chr. bis heute zu beschreiben und diese darzustellen. Damit unterscheidet sich die Aufgabe von einem einfachen Beschreiben oder Herausarbeiten, verlangt aber noch keine umfassenden Erklärungen für die in dem Material erkennbaren unterschiedlichen Küstenlinienverläufe.

2. Über welche Kompetenzen sollten Sie verfügen?

Sie haben bereits die Fähigkeit, mit Kartenskizzen zu arbeiten und dabei die Legende zu nutzen. Des Weiteren benötigen Sie das Wissen über exogene Veränderungen von Küstenlinien, welches Sie auf die im Material dargestellte Situation anwenden. Dabei müssen die exogenen Prozesse von Abtragung, Transport und Ablagerung beachtet werden. Wichtig ist auch, die im Ergebnis dieser Tätigkeit auftretenden Küstenformen, wie Strandhaken, Nehrung oder Ausgleichsküste in den Kartenskizzen zu erkennen. Mit den genannten Kompetenzen sind Sie in der Lage, für die Strandabschnitte (1) bis (3) die Veränderungen zu beschreiben.

3. Wie finden Sie eine Lösung?

In einem ersten Schritt betrachten Sie, nach der Einordnung Hiddensees in den Ostseeraum, die Veränderungen der Insel von 500 n. Chr. bis heute.

In einem zweiten Schritt stellen sie diese Veränderungen, bezogen auf die Abschnitte (1) bis (3) unter Beachtung des heutigen Strömungsbereiches im Norden der Insel dar.

Wie könnte Ihre Lösung aussehen?

Im Norden (1) kommt es zur Erosion des Endmoränenmaterials durch Brandung an der Steilküste. Aus einer ehemals kleinen breiten wurde eine schmale, langgestreckte Insel mit einer kaum gegliederten Küstenlinie zur offenen See hin. Durch die Meeresströmung wird das feine Material aufgenommen und nach Süden transportiert. Nach der Sedimentation im Süden kommt es zur Ausbildung eines Hakens. Verlängert sich dieser durch Strandversetzung, bildet sich eine Nehrung (2). Der Strandabschnitt zwischen diesen beiden Punkten wird als Ausgleichsküste bezeichnet. Durch Veränderung der Meeresströmung nach 1300 n. Chr. bildet sich ein weiterer Haken im Nordosten. Dabei entstehen zwei Nehrungen im Osten des Inselkerns (3). „Wachsen“ diese mit der Insel Rügen zusammen, bildet sich im Ergebnis ein Strandsee.

Übungsaufgabe

1. In fast allen Staaten im südlichen Afrika geht die Fläche der Savannenwälder in den letzten Jahren durch menschlichen Einfluss stark zurück.

Stellen Sie mithilfe geeigneter Atlaskarten die Ursachen und mögliche Folgen für den Naturraum und die Wirtschaft der betroffenen Gebiete **dar**.

analysieren: Material oder Sachverhalte systematisch durch gezielte Fragen untersuchen, diese beantworten und die Antworten begründen

1.6 Operator „Analysieren“

Beispielaufgabe

Analysieren Sie – ausgehend von M1 bis M4 – die wirtschaftliche Situation Chiles.

	Staatsunternehmen	Privatunternehmen	gesamt
1995	1165	1324	2489
1997	1231	2161	3392
1999	1403	5884	4391
2001	1592	3147	4739
2003	1563	3342	4905
2005	1730	3591	5321
2007	1665	3895	5561
2008	1548	4052 (B)	5600 (A)

1 Produktion von Kupfer in Chile 1995–2008 (in 1000 t)

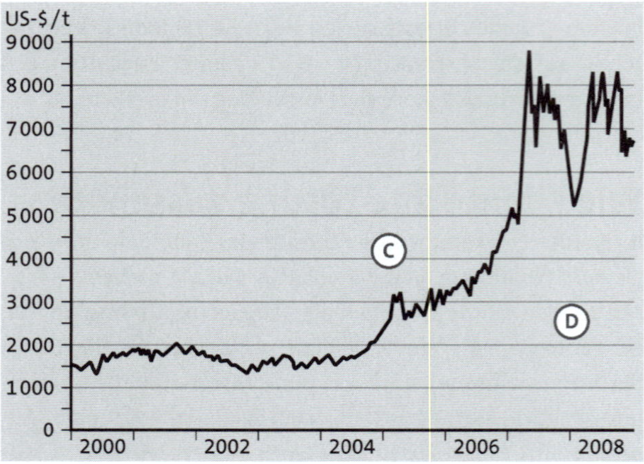

2 Kupferpreise in US-$ pro Tonne

Ausgewählte Wirtschaftsdaten			
	2001 (E)	2007	
BIP gesamt	70,5 Mrd. US-$	116,1 Mrd. US-$	
BIP pro Kopf der Bevölkerung	4590 US-$	10034 US-$ Vergleich: Peru: 3886 US-$ Polen: 13823 US-$	
Wirtschaftssektoren (2007)			
	I	II	III
BIP-Anteil	(F) 6,0 %	(G) 49,3 %	44,7 %
Arbeitskräfte	13,6 %	23,4 %	63,0 %
(Sektor II = Bergbau, Industrie, produzierendes Gewerbe)			

3 Wirtschaftsdaten Chiles

Import: 46966 Mio. US-$		Export: 68296 Mio. US-$ (H)	
davon in %		davon in %	
Erdöl	18,36	Kupfer (I)	36,8
Maschinen	13,0	Kupfererz	27,6
Chemische Erzeugnisse	10,0	Nahrungsmittel	14,9
Fahrzeuge	9,8	Molybdän	4,0
Nachrichtentechnik/EDV	6,5	Chemische Erzeugnisse	3,5
Nahrungsmittel	5,9	Eisen	1,2
Eisen und Stahl	2,7	Sonstige	12,0
Bekleidung	2,6		
Sonstige	30,9		

4 Chilenische Einfuhr- und Ausfuhrgüter (2007)

So sollten Sie vorgehen

1. Was fordert die Aufgabe von Ihnen?

Im vorliegenden Fall fordert der Operator von Ihnen, dass Sie mithilfe der unterschiedlichen Materialien zielgerichtet die Informationen erfassen, die die wirtschaftliche Entwicklung Chiles kennzeichnen. Diese Informationen müssen Sie sinnvoll verknüpfen. Es geht nicht darum, alle Daten umfassend zu verarbeiten. Sie müssen vielmehr auswählen. Zur Beantwortung der Frage reicht es aber nicht, die Aussagen einfach nur zu nennen. Der Operator fordert aber auch kein Erörtern der wirtschaftlichen Entwicklung Chiles oder eine Beurteilung der erkennbaren Prozesse.

2. Über welche Kompetenzen sollten Sie verfügen?

Sie müssen die Indikatoren kennen, mit denen die wirtschaftliche Entwicklung eines Landes untersucht werden kann und diese Kenntnisse anwenden. Es sind außerdem Fähigkeiten zum Auswerten von Diagrammen und Tabellen sowie zum systematischen Erfassen der erforderlichen Informationen notwendig. Sie sollten auch herausgearbeitete Informationen strukturieren und sinnvoll verknüpfen können.

3. Wie finden Sie eine Lösung?

Zur Lösung der Aufgabe stehen ein Diagramm sowie Tabellen zur Verfügung. In einem ersten Schritt sollten Sie sich orientieren, welche Informationen enthalten sind. Kennzeichnen Sie in den Materialien, welche Daten nicht brauchbar sind und welche Sie nutzen wollen. Im Sinne eines systematischen und gezielten Vorgehens sollten Sie dann abwägen, welche Materialien besonders wichtige Informationen enthalten. Hier sind das in M3 Aussagen zum BIP und zu den Wirtschaftssektoren sowie in M4 die Informationen zur Außenhandelsbilanz.

M2 U.S.G.S.: Minerals Informations: Copper

M4 WTO, http://stat.wto.org/StatisticalProgram; Zugriff 05/2011

M4–9 Jan Glatter: Gentrification in Ostdeutschland: Untersucht am Beispiel der Dresdner Äußeren Neustadt. Dresdner Geographische Beiträge, 2007, S. 92–99

Allerdings muss berücksichtigt werden, dass nur beim BIP die Entwicklung dargestellt ist, ansonsten die Situation des Jahres 2007. Daher sollten Sie nun die wesentlichen Aussagen der Materialien M 1 und M 2 zur Kupferproduktion nutzen, um auf die Entwicklung im Sekundären Sektor, in der Exportstruktur und in der Handelsbilanz schlussfolgern zu können.

Wie könnte Ihre Lösung aussehen?

Folgende Daten müssen also in die Lösung einfließen:

A Gesamtproduktion von Kupfer nahezu verdoppelt,

B Zunahme vor allem im Bereich der Privatunternehmen (>3-faches),

C 2004 – 2006 erster Anstieg des Preises von <2 000 US-$ auf >3 000 US-$ proTonne,

D seit Jahresbeginn 2007 Preis zwischen 5 000 und 9 000 US-$ pro Tonne schwankend,

E BIP absolut in sechs Jahren auf das 2½-fache gestiegen, BIP/Kopf verdoppelt,

F Anteil des primären Sektors am BIP niedrig, aber doppelt so hoher Arbeitskräfte-Bedarf,

G Sekundärer Sektor produziert mit ¼ der Arbeitskräfte 50 % des BIP,

H deutlicher Exportüberschuss,

I Exportstruktur einseitig auf Rohstoff orientiert.

Es empfiehlt sich daher, die Informationen A bis I in folgender Reihenfolge zu betrachten und in Beziehung zu setzen:
E – F – G – A – B – H – I – C – D.

Ihre herausgearbeiteten Ergebnisse stellen Sie dann in einem strukturierten Text dar:

Das BIP/Kopf hat sich bei Chile seit 2001 mehr als verdoppelt, so dass das Land 2007 bezüglich der Wirtschaftsleistung als Schwellenland bzw. als Industrieland auf niedrigem Niveau eingeordnet werden kann. Der Primäre Sektor ist dafür nicht so entscheidend, da hier 13 % der Arbeitskräfte nur 6 % des BIP erwirtschaften. Dem gegenüber ist die hohe Produktivität des Sekundären Sektors zu erkennen, so dass die Kupferproduktion von 1995 bis 2008 auf mehr als das Doppelte gesteigert wurde. Dabei kommen 70 % aus Privatunternehmen, während der Anteil aus Staatsunternehmen nur gering zunimmt. Die Außenhandelsbilanz ist sehr positiv. Da die Bergbauprodukte 70 % des Exportvolumens ausmachen und der Kupferpreis sich seit 2004 verfünffacht hat, ist diese positive Außenhandelsbilanz sicher vor allem auf die Gewinne des Kupferbergbaus zurückzuführen.

Bei Importen ist eine starke Ausrichtung auf Investitionsgüter und Treibstoffe zu beobachten, die Wirtschaft Chiles ist also immer noch monostrukturiert. Insbesondere fällt die einseitige Ausrichtung der Exportstruktur auf Bergbau (64 % Anteil) und Nahrungsmittel (15 % Anteil) auf. Da der Preis für Kupfer und allgemein für Grundstoffe sehr stark schwankt, besteht also ein hohes Risiko durch Abhängigkeiten vom Weltmarkt. Insgesamt kann aber von einer sehr positiven wirtschaftlichen Entwicklung Chiles gesprochen werden.

Übungsaufgabe

1. Analysieren Sie die Bevölkerungsentwicklung und die Veränderungen der Bevölkerungsstruktur der Dresdner Äußeren Neustadt seit 1989.

1990	1994	1998	2002	2006
10 000 EW.	9 500 EW.	9 000 EW.	11 500 EW.	14 000 EW.

5 Einwohnerentwicklung Dresdner Äußere Neustadt

1990	1994	1998	2002	2006
7 %	12 %	50 %	84 %	93 %

6 Sanierung und Neubau

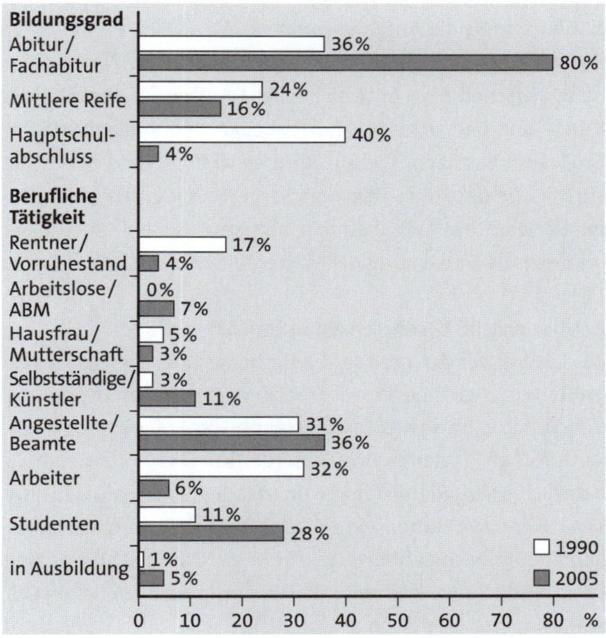

7 Bildungsgrad und berufliche Tätigkeit der Bewohner der Dresdener Äußeren Neustadt

	Äußere Neustadt		Dresden gesamt	
	1996	2005	1996	2005
durchschnittliches Haushaltsnettoeinkommen	1 378 €	1 946 €	1 648 €	1 857 €
Anteil der Haushalte mit mehr als 2 000 Euro	14 %	37 %	25 %	35 %

8 Entwicklung der Haushaltnettoeinkommen

		0–24 Jahre	25–59 Jahre	60 Jahre und älter
1990	Äußere Neustadt	36,1	45,4	18,5
	Dresden gesamt	31,2	48,5	20,3
2005	Äußere Neustadt	32,3	59,8	7,9
	Dresden gesamt	24,5	47,9	27,6

9 Entwicklung der Altersstruktur (in %)

erklären: Begründungszusammenhänge, Voraussetzungen und Folgen bestimmter Strukturen und Prozesse darlegen; Informationen begründet in einen Zusammenhang stellen (zum Beispiel Theorie, Modell, Gesetz, Regel)

1.7 Operator „Erklären“

Beispielaufgabe

Erklären Sie Zusammenhänge zwischen dem unterschiedlichen Alter der ozeanischen Kruste im Pazifik entlang 30° südlicher Breite und den Ursachen für Erdbeben und Vulkanismus im Großraum Santiago.

westliche Länge	140°	130°	120°	110°	100°	90°	80°
Alter der Gesteine (Mio. Jahre)		46–35	35–20	20–0	0–20	20–33	33–40

1 Alter der ozeanischen Kruste im Pazifik entlang 30° südlicher Breite

So sollten Sie vorgehen

1. Was fordert die Aufgabe von Ihnen?

Die vorliegende Aufgabe zielt direkt auf einen Zusammenhang zwischen dem unterschiedlichen Alter der ozeanischen Kruste und den Ursachen für Erdbeben und Vulkanismus im Großraum Santiago. Hieraus wird ersichtlich, dass ein Bezug zur Theorie der Plattentektonik hergestellt werden muss. Damit verlangt die Aufgabe mehr als „Beschreiben“, aber keine umfassende Darstellung der Plattentektonik.

2. Über welche Kompetenzen sollten Sie verfügen?

Zur Lösung der Aufgabe sind Kenntnisse über die Plattentektonik, vor allem die Prozesse der Meeresbodenausbreitung und Subduktion sowie das Entstehen von Erdbeben und Vulkanismus an Plattengrenzen, erforderlich. Dieses Wissen muss natürlich anwendungsfähig sein, das heißt, Sie müssen Ihre Kenntnisse zur Plattentektonik auf das in der Aufgabe gegebene Raumbeispiel übertragen können. Darüber hinaus sind Fähigkeiten zum Lesen von Tabellen sowie zur räumlichen Orientierung mit dem Atlas erforderlich.

3. Wie finden Sie eine Lösung?

Bei der Bearbeitung der Aufgabe ist es notwendig, sich mit geeigneten Atlaskarten zuerst einen räumlichen Überblick zur Lage des Großraums Santiago und der ozeanischen Kruste in M 1 zu verschaffen.

In einem zweiten Schritt müssen Überlegungen zu den Ursachen für das unterschiedliche Alter der ozeanischen Kruste und der Entstehung von Erdbeben und Vulkanismus im Großraum Santiago angestellt werden. Danach ist zu prüfen, welcher Zusammenhang zwischen beiden Ursachenkomplexen besteht. Das bedeutet aber nicht, allgemeine Aussagen der Plattentektonik darzulegen, sondern sich auf die Bewegung der Nazca-Platte mit ihren Auswirkungen zu konzentrieren.

Im Sinne des „Erklärens“ müssen die Zusammenhänge so dargestellt werden, dass zunächst Ursachen für das unterschiedliche Alter der ozeanischen Kruste und für Erdbeben und Vulkanismus im Großraum Santiago formuliert werden. Daran anschließend müssen beide Ursachenkomplexe miteinander verknüpft werden.

Wie könnte Ihre Lösung aussehen?

Das unterschiedliche Alter der ozeanischen Kruste ist das Ergebnis der Öffnung des Ostpazifischen Rückens. Mit zunehmender Entfernung vom Rücken wird die ozeanische Kruste älter. Erdbeben und Vulkanismus im Großraum Santiago sind eine Folge der Subduktion der Nazca-Platte unter die Südamerikanische Platte. Im Zuge der Subduktion bauen sich in der Kruste Spannungen auf und es bilden sich Magmaherde. Bei der Subduktion entstehen auch Verwerfungen, in denen Magma oder Gase nach oben steigen. Die Öffnung des Ostpazifischen Rückens muss in direktem Zusammenhang mit der Subduktion der Nazca-Platte gesehen werden. Insofern besteht ein unmittelbarer Zusammenhang zwischen dem unterschiedlichen Alter der ozeanischen Kruste und den Ursachen für Erdbeben und Vulkanismus im Großraum Santiago.

Ostpazifischer Rücken (→ 110°)

westliche Länge	140°	130°	120°	110°	100°	90°	80°
Alter der Gesteine (Mio. Jahre)		46–35	35–20	20–0	0–20	20–33	33–40

Alter der Kruste nimmt zu ←

Öffnungsprozess

→ Alter der Kruste nimmt zu

2 Hinweise zum Material: Alter der ozeanischen Kruste im Pazifik entlang 30° südlicher Breite

Exkurs: Erklären und Erläutern – Wo liegt der Unterschied?
Bei der Anwendung der Operatoren „Erklären“ und „Erläutern“ besteht die Gefahr, dass diese gleichgesetzt werden. In der Diskussion über die Inhalte bzw. Zielrichtungen beider Operatoren existieren in der Praxis unterschiedliche Auffassungen! Zur Unterscheidung soll folgende Orientierung helfen:

Erklären erfordert immer, einen Sachverhalt in einen Begründungszusammenhang zu stellen; etwas kausal schlussfolgernd herleiten.

Erläutern verlangt immer, einen Sachverhalt zu verdeutlichen bzw. verständlich machen und mithilfe zusätzlicher Informationen zu veranschaulichen.

Der Operator „Erläutern“ geht damit über das „Erklären“ hinaus, denn er fordert zusätzlich eine Beschreibung.

Stellen Sie sich vor, Sie haben jemandem etwas richtig erklärt, aber derjenige hat es nicht verstanden. Dann müssen Sie den Sachverhalt noch einmal erläutern, also durch zusätzliche Informationen und Beispiele veranschaulichen.

Übungsaufgaben

1. Trotz der üppigen natürlichen Vegetation gelten die Böden des tropischen Regenwaldes als grundsätzlich ungeeignet für langfristigen intensiven Getreideanbau.
Erklären Sie diesen scheinbaren Gegensatz!

2. Erklären Sie die in M3 und M4 abgebildete Entwicklung der Bevölkerungszahl und des Verstädterungsgrades in Nord- und Lateinamerika zwischen 1950 und 2000!

Die Projektionen der United Nations zur Entwicklung der Weltbevölkerung 2050
„Ausgangspunkt der Projektionen für 2050 ist die geschätzte Bevölkerung aller einzelnen Länder zum 01. Juli 2010. Grundlage dieser Schätzung sind die jeweils aktuellsten statistischen Erhebungen in den einzelnen Ländern, soweit verfügbar.
Um die Bevölkerung 2050 vorherzusagen, verwenden die United Nations Annahmen hinsichtlich der zukünftigen Trends der Geburtenrate, Sterberate und der internationalen Migration. Da hier deutliche Unsicherheiten bestehen, werden jeweils acht plausible Varianten durchgerechnet.
Die in M3 abgebildete ‚Mittlere Variante‘ geht davon aus, dass der weltweite Durchschnitt der Geburtenrate (‚Gesamtfertilitätsrate‘) bis 2045 linear auf 1,85 Kinder pro Frau zurückgeht (2010: weltweit 2,8 Kinder pro Frau). Die Sterblichkeitsrate soll sich in dieser Variante ‚normal‘ entwickeln, das heißt die aktuellen langfristigen Trends setzen sich linear fort. Für 58 Länder, die besonders stark von AIDS betroffen sind, wurde ein gesonderter, verlangsamter Rückgang der Sterbequote zugrunde gelegt. Weiter geht die ‚Mittlere Variante‘ von einer die bisherigen Trends fortsetzenden ‚normalen‘ internationalen Migration aus.“

4

	Bevölkerung in Tausend				Verstädterung in %			
	1950	1975	2000	2050*	1950	1975	2000	2050*
Europa	547460	676207	726568	691048	51,2	65,7	71,4	83,8
Afrika	227270	418765	819462	1998466	14,5	25,7	35,9	61,8
Nordamerika	171615	242360	318654	448464	63,9	73,8	79,1	90,2
Lateinamerika	167307	323323	521228	729184	41,4	61,1	75,3	88,7
Welt	2529346	4061317	6115367	9149984	29,1	37,3	46,6	69,6

* Die Daten für 2050 stellen Projektionen („Mittlere Varianten“)

3 **Bevölkerungsentwicklung und Verstädterung**

M3 United Nations: World Population Prospects und Urbanization Prospects 2007/2008

M4 Bayerisches Staatsministerium für Bildung und Kultus, Wissenschaft und Kunst: Musterabiturprüfung 2011. Geographie, Aufgabenbeispiel V, S. 3

erläutern: Sachverhalte im Zusammenhang beschreiben und anschaulich mit Beispielen oder Belegen erklären bzw. verdeutlichen

1.8 Operator „Erläutern“

Beispielaufgabe

Erläutern Sie auf der Grundlage des Land-Seewind-Systems die Windverhältnisse beim Touristenort Jantarnij im Gebiet der russischen Exklave Kaliningrad (M 1).

So sollten Sie vorgehen

1. Was fordert die Aufgabe von Ihnen?

Für die gestellte Aufgabe bedeutet das, Zusammenhänge zwischen den Windverhältnissen im Material 1 und dem Land-Seewind-System herzustellen. Es geht also um mehr als nur das Beschreiben der Windverhältnisse im Touristenort Jantarnij. Es müssen vielmehr umfassende Zusatzinformationen gegeben werden, um die Windverhältnisse durch Bezüge zum Land-Seewind-System zu verdeutlichen. Es ist jedoch nicht erforderlich, das Land-Seewind-System an sich zu erläutern oder eine eigene Wertung zu formulieren.

2. Über welche Kompetenzen sollten Sie verfügen?

Die Lösung dieser Aufgabe setzt sichere Kenntnisse zur Entstehung und Wirkung des Land-Seewind-Systems aus dem vorangegangenen Unterricht voraus. Außerdem benötigen Sie Fähigkeiten zum Auswerten von Diagrammen. Im gegebenen Beispiel müssen Sie die Einteilung der Achsen sowie die Symbole der Legende in ihrer Zuordnung zur x-Achse erfassen können.

Es geht bei der Aufgabe also darum, einen geographischen Sachverhalt (Windverhältnisse in einem Touristenort) auf der Grundlage erworbener Kenntnisse bzw. einer Materialanalyse so darzustellen, dass der fachliche Gehalt sachlich richtig vorgetragen und die Zusammenhänge einsichtig gemacht werden. Das heißt, Sie müssen Ihre Kenntnisse zum Land-Seewind-System auf das Beispiel in M 1 übertragen können.

3. Wie finden Sie eine Lösung?

Am Anfang sollte zunächst die Lage des Ortes an der Ostseeküste geklärt werden. Im nächsten Schritt müssen die Windverhältnisse im angegebenen Tagesabschnitt (5 – 14 Uhr) erfasst und beschrieben werden. Die in der y-Achse eingetragenen Werte der Lufttemperatur sind für die Beantwortung der Aufgabe nicht relevant.

Es bietet sich an, für jede Veränderung der Windverhältnisse mithilfe der Kenntnisse zum Land-Seewind-System nach einer Erklärung zu suchen (siehe Anmerkungen A bis D am Material). Dabei kann es hilfreich sein, sich zunächst noch einmal das Land-Seewind-System mithilfe einer Skizze (auf Konzeptpapier) bewusst zu machen.

Die Erklärung der Windrichtungen gelingt mit Bezugnahme auf die Lage des Ortes.

Wie könnte Ihre Lösung aussehen?

Bis 6 Uhr morgens herrscht Ostwind mit Stärke 1 vor (A). Ursache dafür ist der nächtliche Landwind, der sich aufgrund eines thermischen Bodentiefs über wärmerem Wasser und eines thermischen Bodenhochs über dem kühleren Land eingestellt hat.

Die Windstille von 6 bis 10 Uhr (B) ist die Folge ausgeglichener Luftdruckverhältnisse. Durch die nach Sonnenaufgang einsetzende Erwärmung des Festlandes verringern sich die Luftdruckunterschiede zum Meer, was mit einem Nachlassen des nächtlichen Ostwindes (Landwindes) verbunden ist.

Nach 10 Uhr stellt sich Westwind der Stärke 4 ein (C), der gegen 12 Uhr zunimmt und die Windstärke 5 erreicht (D).

Ursache dafür ist eine Umkehr der Druckverhältnisse. Die zunehmende Erwärmung des Festlandes am Vormittag führt zum Aufstieg der erwärmten Luft, die in der Höhe entsprechend des Druckgefälles Richtung Meer abströmt. Dadurch bildet sich am Boden ein Tiefdruckgebiet aus. Über den kühleren Wasserflächen herrscht dagegen ein Bodenhoch, so dass ein Seewind (Westwind) entsteht. Das Auffrischen des Windes zur Stärke 5 resultiert aus einer Verstärkung der Luftdruckunterschiede.

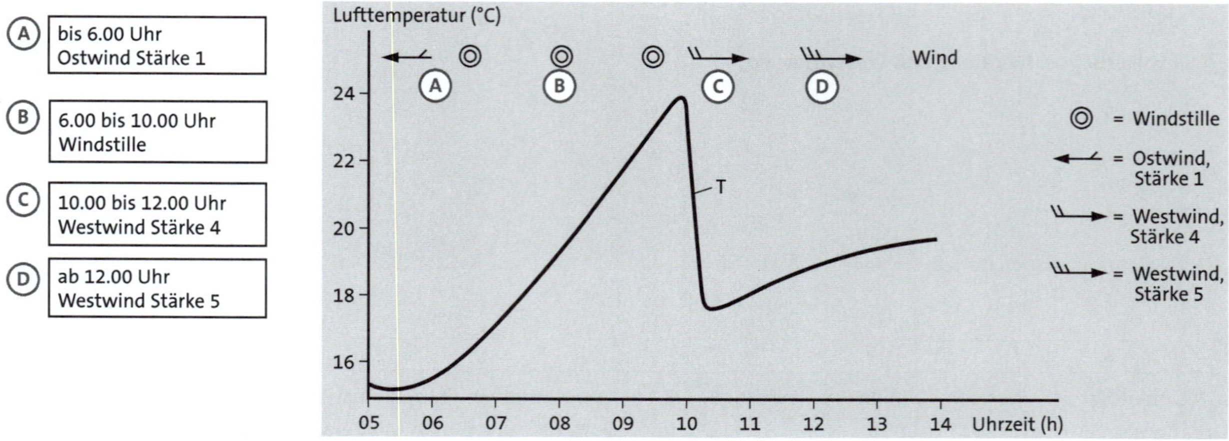

1 **Windverhältnisse am Strand von Jantarnij an einem typischen Sommertag**

Übungsaufgaben

1. Wie in Mitteleuropa unterliegt auch die Landwirtschaft in Italien einem tief greifenden Strukturwandel. **Erläutern** Sie anhand der Tabelle M2 diesen Strukturwandel in der italienischen Landwirtschaft.

	1990	2000	2005	2010
Landwirtschaftliche Betriebe (in 1000)	2664	2154	1729	1621
Betriebe < 5 ha (in 1000)	2099	1638	1272	1177
Betriebsinhaber unter 35 Jahren (in 1000)	138	89	56	k. A.
Arbeitskräfte (in 1000)	1924	1365	1374	874
Landwirtschaftlich genutzte Fläche (1000 ha)	16324	13062	12708	12900
Anbaufläche unter Glas (1000 ha)	26	36	42	k. A.
Betriebe mit ökologischem Landbau (in 1000)	4	48	50	45
Ökologische Anbaufläche (1000 ha)	18	624	732	k. A.

2 Ausgewählte Strukturdaten der Landwirtschaft in Italien (1990–2010)

2. Erläutern Sie anhand der Grafik M3 Unterschiede in der Suburbanisierung zwischen den alten und neuen Bundesländern.

3. Erläutern Sie Zusammenhänge zwischen Schulbildung und generativem Verhalten.

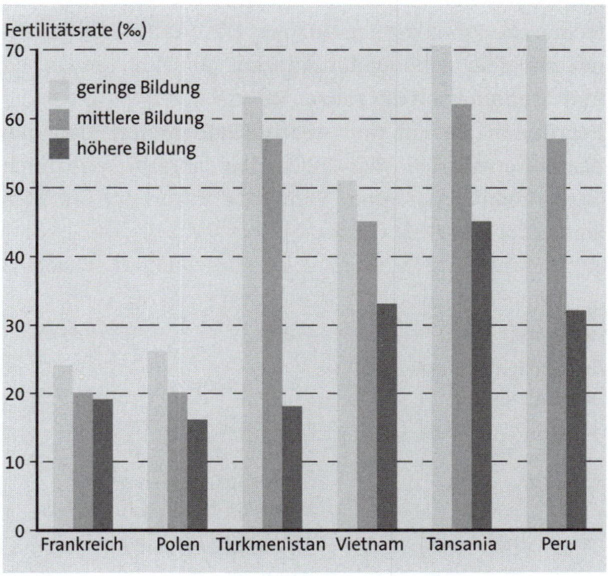

4 Kinderzahl in Abhängigkeit vom Bildungsgrad für ausgewählte Länder

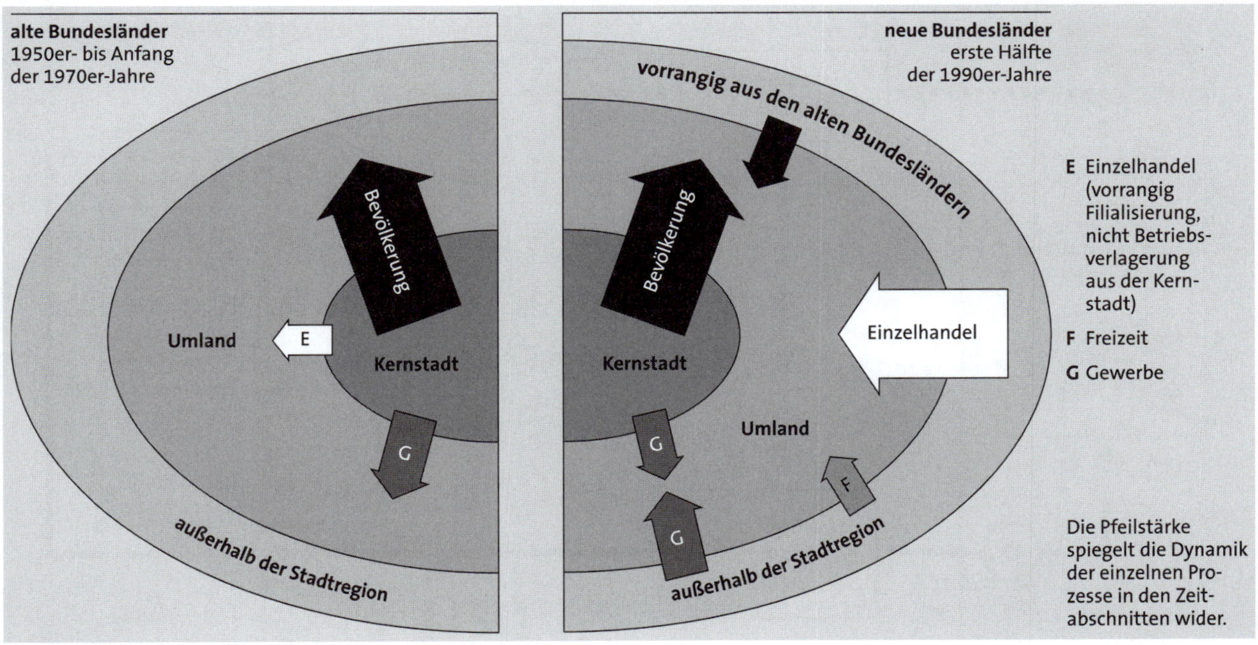

3 Suburbanisierungsprozesse in Deutschland

M 1 Russian Federal Service for Hydrometeorology and Environment Monitoring (Daten)

M 2 http://www.topagrar.com/news/Home-top-News-Stukturwandel-setzt-sich-in-Italien-fort-895234.html, Zugriff 06/2014

M 4 World Population Monitoring 2003. New York: UN 2004, www.un.org/esa/population/publications /2003monitoring/WorldPopMonitoring_2003.pdf

begründen: komplexe Grundgedanken argumentativ schlüssig entwickeln und im Zusammenhang darstellen

1.9 Operator „Begründen“

Beispielaufgabe

Der Computerhersteller DELL beschäftigte 2007 rund 78 000 Mitarbeiter an sechs Standorten. Darüber hinaus
(7) gibt es weltweit Kundenservicezentren für Beratung und technische Produktunterstützung. Das in den letzten Jahren erfolgreiche Produktionskonzept von DELL war Vorbild für Nachahmer auf der ganzen Welt.

Begründen Sie mit fünf wesentlichen Argumenten den Wettbewerbsvorteil, den DELL über Jahre hinweg durch sein Produktions- und Vermarktungskonzept erzielen konnte (M 1, M 2).

(4)

Standort	Markt
Nashville (Tennessee) Austin (Texas)	für Nordamerika
Eldorado do Sul (Brasilien)	für Südamerika
Limerick (Irland)	für Europa, den Nahen und Mittleren Osten sowie Afrika
Penang (Malaysia)	für die Asien-Pazifik-Region mit Japan
Xiamen (China)	für China

1 Produktionsstandorte und Märkte von DELL

So sollten Sie vorgehen

1. Was fordert die Aufgabe von Ihnen?

Hier fordert der Operator, ausgehend vom Material mit fünf Argumenten begründet darzulegen, welchen Wettbewerbsvorteil die Firma DELL durch ihr Produktions- und Vermarktungskonzept erzielen konnte. Es genügt nicht, wenn Sie den Materialien Informationen entnehmen und diese als „Argumente“ kennzeichnen. Es ist auch erforderlich, die Bedeutsamkeit der Argumente darzulegen. Andererseits müssen Sie hier keine Erläuterung vornehmen.

2. Über welche Kompetenzen sollten Sie verfügen?

Zur Beantwortung der Aufgabe sollten Sie über die Kompetenz verfügen, komplexe Diagramme hinsichtlich eines leitenden Gedankens oder einer Fragestellung zu analysieren. In diesem Fall benötigen Sie auch Fachkenntnisse über moderne Produktionskonzepte und unternehmerische Standortwahl.

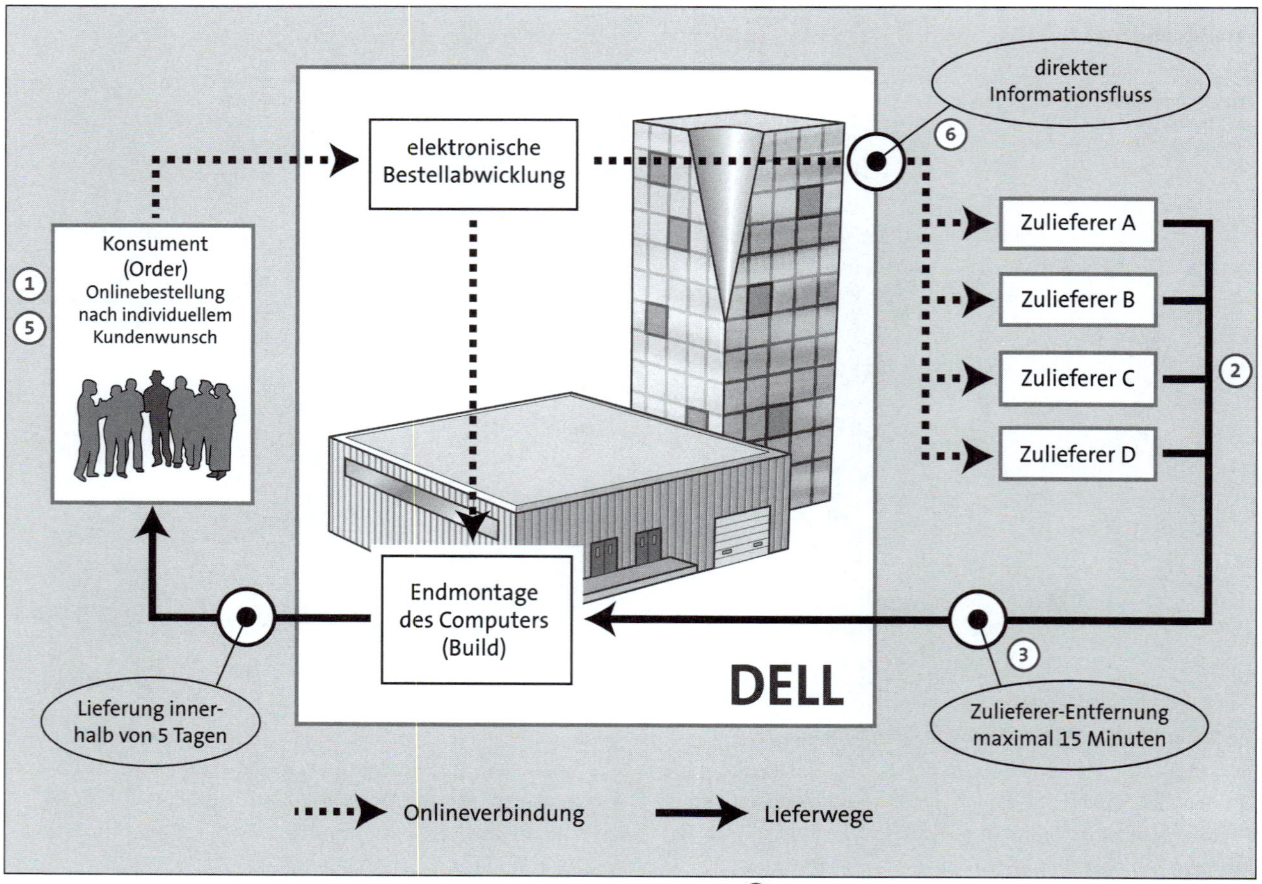

2 Das Produktions- und Vermarktungskonzept von DELL (Build to Order) (5)

3. Wie finden Sie eine Lösung?

Zur Lösung der Aufgabe stehen Ihnen die Informationen im Einleitungstext der Aufgabe sowie eine Tabelle (M1) und die Grafik 2 zur Verfügung.

In einem ersten Schritt können Sie sich notieren, welche Fachbegriffe Ihnen bei den Stichworten Produktionskonzept und unternehmerische Standortwahl einfallen. Das können einerseits z.B. interne Flexibilisierung, externe Flexibilisierung, Just-in-Sequence, Just-in-time, Lean Management, Lean Production und E-Commerce sein, andererseits aber auch Agglomerationsfaktoren, Infrastrukturfaktoren und Standortverlagerung. Daran anschließend sollten Sie mit diesen Begriffen als „Filter" die Materialien analysieren. So lassen sich die Hinweise 1–7 den Materialien entnehmen:

(1) Onlinebestellung
(2) Zulieferer
(3) Just-in-time-Produktion
(4) Produktion im Markt
(5) Individuelles Produkt
(6) direkter Informationsfluss
(7) weltweites Netz von Servicecentern

Wie könnte Ihre Lösung aussehen?

Der Computerhersteller DELL erzielte dadurch einen Wettbewerbsvorteil, dass er aufgrund seines modernen Produktionskonzeptes kostengünstig produzieren und vermarkten und damit den Kunden ein preisgünstiges Angebot machen konnte. Der Einsatz von E-Commerce mit den Schwerpunkten Vereinfachung der Kommunikation in allen Bereichen der Produktion und des Marketings durch Online-Datenaustausch und die damit verbundene Umgehung des Zwischenhandels verminderte die Kosten deutlich. Mit Zulieferern, die in unmittelbarer Nähe der Produktion saßen, konnten durch eine Just-in-time-Produktion die Kosten für die Lagerhaltung gesenkt werden. Damit wurden gleichzeitig auch unternehmerische Risiken auf die Zulieferer abgewälzt. Die Produktion im Markt verkürzte die Transportwege. Eine hohe Kundenzufriedenheit trug entscheidend zum Wettbewerbsvorteil bei. Dies wurde erreicht durch das Build-to-order-Konzept: Der Computer wird erst gefertigt, wenn der Kunde seine individuellen Wünsche geäußert hat. Für den Kunden ist zudem die Onlinebestellung bequem und schnell. Ein weltweites Netz von Servicecentern spricht für Kundenorientierung. Mit diesem Produktionskonzept, das Elemente der internen und externen Flexibilisierung enthält und die Standorte weltweit so verteilt, dass einerseits in den jeweiligen Märkten, andererseits kostengünstig produziert werden kann, erzielte DELL einen Produktionsvorteil.

Übungsaufgaben

1. Begründen Sie ausgehend von M3 die Notwendigkeit des Sardar-Sarowar-Staudammprojektes für den Nordwesten Indiens.

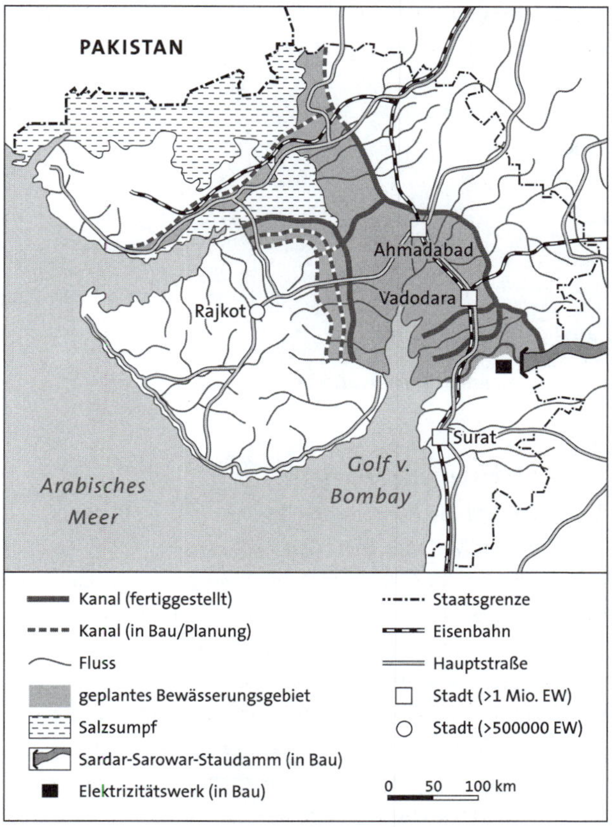

3 **Das Sardar-Sarowar-Staudammprojekt**

2. Im Raum Aachen-Bonn-Köln-Düsseldorf ist das Biotechnologie-Cluster „BioRiver" entstanden.
Begründen Sie – ausgehend von M4 – die dynamische Entwicklung dieses Biotechnologie-Clusters.

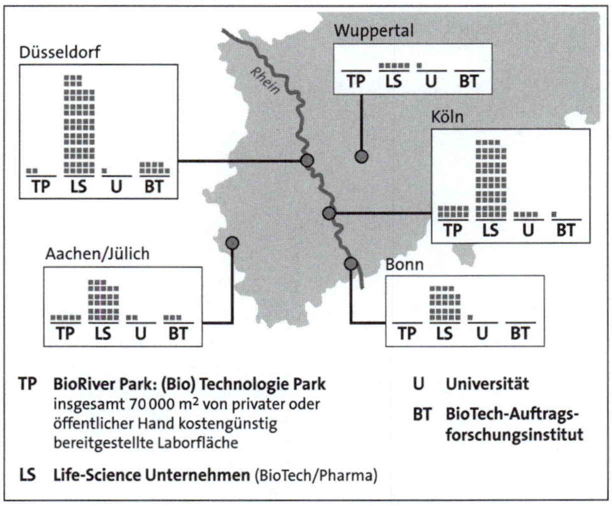

4 **Karte des Biotechnologie-Clusters „BioRiver"**

vergleichen: Gemeinsamkeiten und Unterschiele zwischen (vergleichbaren) Strukturen oder Prozessen gewichtend einander gegenüberstellen und ein Ergebnis formulieren

1.10 Operator „Vergleichen“

Beispielaufgabe

Vergleichen Sie den Einfluss der planetarischen Zirkulation auf das Klima von Triest und Bari.

	Jan.	Feb.	Mär.	Apr.	Mai	Jun.	Jul.	Aug.	Sep.	Okt.	Nov.	Dez.	Jahr
Triest, 11 m													
°C	4,7	5,6	8,9	13,5	17,9	21,5	23,7	23,1	20,1	15,6	10,6	7,1	14,4
mm	68	62	62	84	77	93	92	91	104	94	107	89	1023
Bari, 12 m													
°C	8,7	9,5	11,1	14,2	18,1	22,2	24,9	24,5	21,3	17,8	14,1	10,8	16,4
mm	68	57	57	42	39	29	25	24	46	73	79	70	609

1 Ausgewählte Klimastationen

So sollten Sie vorgehen

1. Was fordert die Aufgabe von Ihnen?

Der Operator verlangt hier, den Einfluss der planetarischen Zirkulation auf zwei Klimastationen vergleichend darzustellen. Die Aufgabenstellung fordert von Ihnen mehr, als Niederschlagsverlauf und Temperaturkurve der beiden Stationen mithilfe der planetarischen Zirkulation zu erklären. Sie müssen zusätzlich Gemeinsamkeiten und Unterschiede des Einflusses deutlich machen und zusammenfassend ein Ergebnis formulieren. Es ist jedoch kein umfassendes Erklären der planetarischen Zirkulation notwendig.

2. Über welche Kompetenzen sollten Sie verfügen?

Im Unterricht haben Sie gelernt, Informationen aus einer Klimatabelle zu entnehmen. Mit Ihren Kenntnissen über die atmosphärische Zirkulation können Sie mithilfe des Atlas ableiten, welche Hoch- und Tiefdruckgebiete im Verlauf eines Jahres den Niederschlag und die Temperatur der beiden Stationen beeinflussen.

3. Wie finden Sie eine Lösung?

Sinnvoll erscheint es in diesem Fall, aus den Werten der beiden Klimatabellen ein Klimadiagramm zu erstellen und den jeweiligen Klimatyp zu bestimmen. Damit wird es für Sie einfacher, die Einflüsse der verschiedenen Druckgebilde im Jahresverlauf herauszuarbeiten.

Anschließend empfiehlt es sich, eine Tabelle anzulegen mit folgenden Rubriken:

- Lage der Station (z. B. Nord- oder Südhalbkugel, Lage an der Küste oder im Landesinnern, Lage an der West- oder Ostseite der Kontinente);
- Merkmale des Klimas (z. B. Temperatur- und Niederschlagsmaxima bzw. -minima, Humidität und Aridität);
- bestimmende Druckgebilde bzw. Winde.

Station	Triest	Bari
	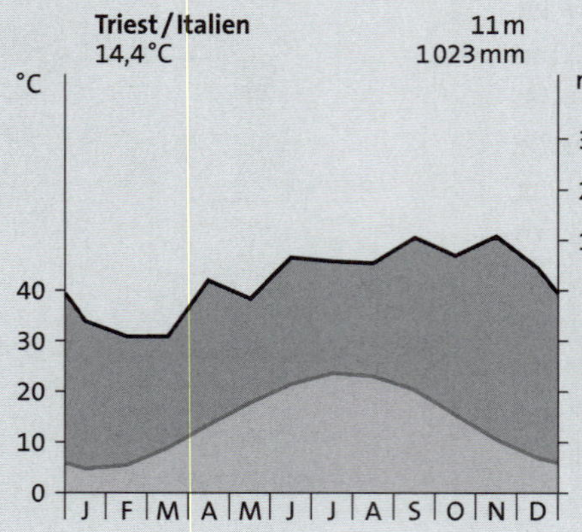	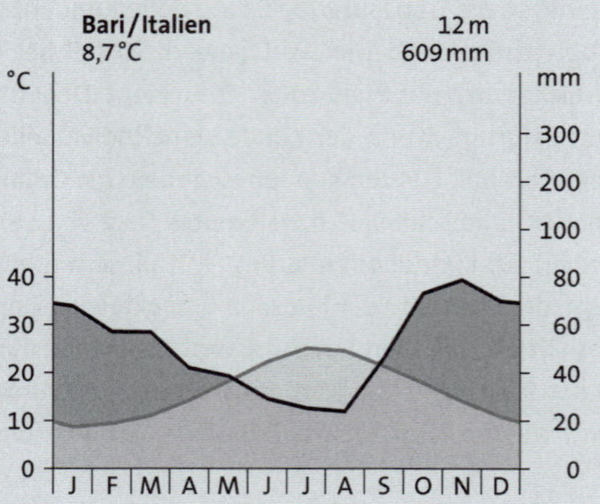
Lage der Station		
Merkmale des Klimas		
Bestimmende Druckgebilde oder Winde		

2

Wie könnte Ihre Lösung aussehen?

Zur vollständigen Lösung der Aufgabe ist eine reine Darstellung von Informationen in Form einer Tabelle nicht ausreichend. Die in der Tabelle gesammelten Informationen müssen noch gewichtet werden. Daraus ergibt sich folgendes Ergebnis: Beide Stationen unterscheiden sich im Hinblick auf Niederschlag und Klimatyp. Die Station Triest weist ganzjährig ein humides Klima auf. Dagegen ist das Klima der Station Bari als typisches Mittelmeerklima mit heißen, trockenen Sommern und regenreichen, milden Wintern zu beschreiben.

Die Niederschläge der Station Triest werden ganzjährig von Zyklonen der planetarischen Frontalzone beeinflusst. Diese Zyklonen führen auf ihrem Weg von West nach Ost feuchte Luft vom Atlantik (und vom Mittelmeer) heran.

Bei der Station Bari dauert die aride Jahreszeit von Ende Mai bis Mitte September. Sie ist von den trocken-heißen Luftmassen des Subtropenhochs bestimmt. In den Monaten September bis Mai liegt Bari immer wieder im Einflussbereich der maritimen Luftmassen der außertropischen Westwindzone. Die darin eingelagerten Zyklonen führen auf ihrem Weg nach Osten ebenso wie bei der Station Triest feuchte Luftmassen vom Atlantik heran. Der jahreszeitliche Wechsel ist letztendlich durch die Verlagerung der ITC bedingt. Im Sommer wird dadurch der subtropische Hochdruckgürtel nach Norden verschoben. Im Winter liegt dieser Hochdruckgürtel südlicher, so dass die Zyklonen der außertropischen Westwindzone weit nach Süden vorstoßen können.

Vergleichend lässt sich festhalten, dass beide Stationen im Einflussbereich der außertropischen Westwindzone liegen: Triest allerdings ganzjährig, Bari nur im Winterhalbjahr. Dagegen ist ein Einfluss der subtropischen Hochdruckzone nur bei der Station Bari im Sommer festzustellen.

Übungsaufgabe

1. Nigeria etablierte sich vor allem aufgrund seiner Rohstoffquellen bis Anfang der 1980er-Jahre als ökonomische Führungskraft Schwarzafrikas.

Vergleichen Sie die wirtschaftliche Situation zu Beginn der 1980er-Jahre mit dem Ende der 1990er-Jahre.

	1980	1998
BSP in Mrd. US-$	92,0	36,3
davon Landwirtschaft	20,2	11,6
Industrie	41,4	14,9
Dienstleistungen	30,4	9,8
BSP pro Kopf in US-$	1010	300
Außenhandel in Mrd. US-$		
Import	12,39	7,42
Export	18,07	11,58
davon: Erdöl	16,26	11,18
Auslandsverschuldung in Mrd. US-$	7,0	30,31
Inflation in %	19,0 (Ø 1970–80)	38,7 (Ø 1990–98)

3 Daten zur Wirtschaft Nigerias

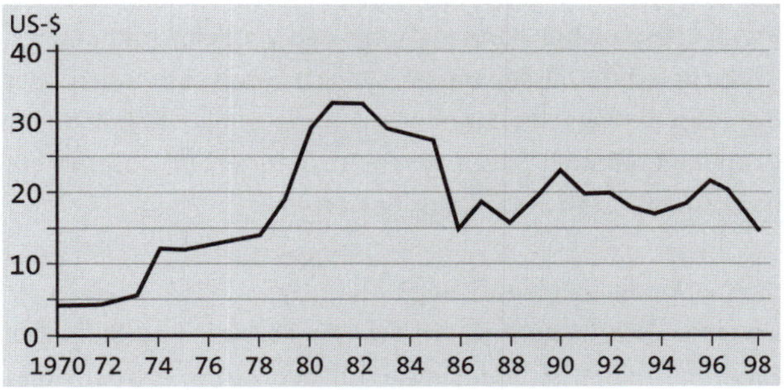

4 Die Entwicklung der Rohölpreise 1970–1998

M3 UN Data, http://data.un.org; Zugriff 01/2011

interpretieren: einen Sachverhalt oder eine Darstellung beschreiben, ursächlich erklären, Schlüsse daraus ziehen und bewerten

1.11 Operator „Interpretieren“

Beispielaufgabe

Interpretieren Sie die Karikatur M 1.

So sollten Sie vorgehen

1. Was fordert die Aufgabe von Ihnen?

Es handelt sich hier um einen sehr komplexen Operator, der deshalb auch dem Anforderungsbereich III zugeordnet ist.
Ihre Aufgabe besteht darin, zunächst einmal wiederzugeben, welche Bildelemente oder Auffälligkeiten Sie in der Karikatur erkennen. In einem zweiten Schritt sollen Sie die Aussageabsicht des Autors herausarbeiten und erklären. Wen oder was stellen die Personen und Gegenstände dar? Welches Problem ist angesprochen? Was wird kritisiert, was will der Karikaturist bewirken?
Abschließend sollen Sie die Karikatur und deren Aussage beurteilen. Ist sie verständlich? Stimmen Sie der Aussage zu oder halten Sie diese für unter- bzw. übertrieben? Wie wirkt die Karikatur? Ist sie belehrend, verspottend, verletzend oder angemessen?

2. Über welche Kompetenzen sollten Sie verfügen?

Sie sollten die wesentlichen Merkmale des Globalisierungsprozesses sowie die Rolle der Europäischen Union als „Global Player“ beschreiben können. Durch den Vergleich mit anderen Wirtschaftsbündnissen haben Sie sich bereits ein Urteil über die Perspektiven des Standorts Europa gebildet. Auf dieser Grundlage können Sie in einem strukturierten, zusammenhängenden Text die Karikatur bewerten.

3. Wie finden Sie eine Lösung?

Im ersten Schritt geht es um das rein Formale und Bildhafte. Eventuell finden sich Hinweise auf den Autor, das Jahr und den Ort der Veröffentlichung. Aus dem zeitlichen und räumlichen Zusammenhang könnten sich bereits erste Hinweise auf die Absicht der Karikatur ergeben. Dann gilt es, die bildliche Darstellung mit allen ihren Details genau zu erfassen.
Für das Herausarbeiten der Hauptaussage und Absicht des Karikaturisten müssen Sie nun die benutzten Zeichen und Details deuten. Im vorliegenden Fall ist z. B. der Mann mit der Zipfelmütze ganz offenkundig das Symbol für den „deutschen Michel“, den Durchschnittsbürger in Deutschland bzw. in der EU.
Für die Beurteilung müssen Sie zunächst für sich selbst die Bewertungsmaßstäbe festlegen (z. B. Verständlichkeit, Wirkung, Plausibilität der vertretenen Position). Die sollten Sie dann in Ihrem Werturteil auch deutlich machen.

1 **Die EU im Globalisierungsprozess?**

Wie könnte Ihre Lösung aussehen?

Ein notdürftig hinter einem umgestürzten Tisch verschanzter EU-Bürger mit Zipfelmütze schaut angstvoll auf ein mit „Global“ beschriftetes Gebilde, das schräg von oben auf ihn zurollt. Es sieht aus wie ein riesiger Schneeball oder eine Lawine. Eine kleine, „fauchende“ Wolke sowie Streifen am Boden und in der Luft deuten die Geschwindigkeit an, mit der sich diese Naturgewalt nähert. Der Bürger hisst trotzig eine EU-Fahne, die aber auch bereits zerzaust ist, genauso wie die Stehlampe. Sein kleiner Hund kläfft angstvoll.
Der „deutsche Michel“ bzw. der EU-Durchschnittsbürger sieht sich – Ende der 1990er-Jahre (Datum der Karikatur: 1999) – in seiner Ruhe, seinem Lebensstandard durch die Globalisierung bedroht, die ihn wie ein Naturereignis zu überrollen droht. Grundlage seines Wohlstandes, der offenbar bereits gelitten hat (lädierte Fahne und Stehlampe), ist die wirtschaftliche Position der EU auf dem Weltmarkt. Dort gefährden neue Akteure und Konkurrenten die Erfolge europäischer Unternehmen und die Rolle der EU als „Global Player“.
Die Karikatur weist in überspitzter Form zu Recht auf den zunehmenden Konkurrenzdruck hin, der von den Weltmärkten ausgeht. Sie muss aus heutiger Sicht aber wohl deutlich relativiert werden. Trotz (Niedriglohn)Konkurrenz und anderen Risiken (z. B. Abhängigkeit von der Weltkonjunktur und von Rohstoffimporten wie Erdöl) konnte die EU ihre starke Position behaupten. Ursache hierfür sind u.a. der hohe Stand von Forschung und Entwicklung, die Qualifikation der Arbeitskräfte, die Qualität der Infrastruktur. Die Karikatur sollte im Jahr 1999 wohl eher als Warnung im Sinne einer „self destroying prophecy“ verstanden werden.

M 2 Leserbrief von Jean Charles Munch, Ostfildern. In: Stuttgarter Zeitung vom 14.12 2007

M 3 www.klimadiagramme.de

Der Operator „Interpretieren“ wird auch bei der Auswertung weiterer geographischer Materialien als Arbeitsauftrag eingesetzt. Zu nennen sind u.a. Texte oder Klimadiagramme. Die Arbeitsschritte entsprechen denen bei der Interpretation einer Karikatur – allerdings mit einigen Ergänzungen.

Einen Text interpretieren

1. Beschreibung von Form und Inhalt:
- Zeitpunkt und Ort der Veröffentlichung? Textart (wissenschaftlicher Text, Kommentar, Zeitungsartikel, Leserbrief o.Ä.)?
- Erfassung der Kernaussagen z.B. durch Zusammenfassung in Thesen,

2. Analyse und Erklärung:
- Herausarbeiten von Prämissen, Grundsätzen, Argumentationslinien,
- Einordnung der Aussagen in den zeitlich-räumlichen oder gesellschaftspolitischen Zusammenhang,
- Absicht und Adressatenkreis?

3. Bewertung
- klare Trennung zwischen Information und Meinung?
- Aussagen begründet und nachprüfbar?
- Darstellung einseitig oder ausgewogen?

Ein Klimadiagramm interpretieren

1. Orientierung und Beschreibung
- Name und Lage der Station, Diagrammform (z.B. Walter-Klimadiagramm)?
- Charakterisierung des Klimas (Jahresgang sowie Extremwerte von Temperatur und Niederschlag, aride und humide Monate, Temperaturamplitude),

2. Erklärung und Einordnung
- Begründung des Klimas mithilfe der planetarischen Zirkulation,
- Zuordnung der Station zu einer Klimazone,

3. Bewertung
- Auswirkungen der klimatischen Verhältnisse auf bestimmte Nutzungsformen (z.B. Ackerbau, Rohstofferschließung)?

Übungsaufgaben

1. Nach der Eröffnung der Landesmesse in der Nähe von Stuttgart im Oktober 2007 äußerste sich der Bodenwissenschaftler Prof. J.Ch. Münch in der „Stuttgarter Zeitung“. **Interpretieren** Sie seinen Leserbrief (M2).

2. Interpretieren Sie das Klimadiagramm von Nizza.

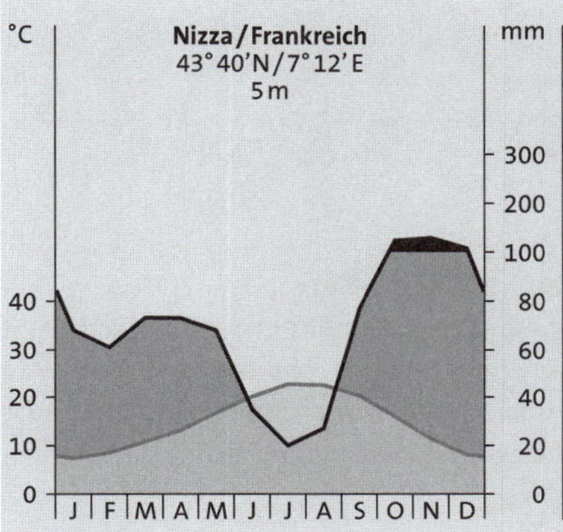

Monat	Temp. (°C)	Nied. (mm)
JAN	7,5	68
FEB	8,5	61
MRZ	10,8	73
APR	13,3	73
MAI	16,7	68
JUN	20,1	35
JUL	22,7	20
AUG	22,5	27
SEPT	20,3	77
OKT	16,0	124
NOV	11,5	129
DEZ	8,2	107

Temp.-Jahresmittel **14,8°C**
Niederschlagssumme **862mm**

3

„Als international aktiver Experte und Forscher der Bodenwissenschaften, Bodennutzung und Bodenleistung möchte ich Stellung ... beziehen. Wir wären gut beraten, Böden und vor allem unsere fruchtbaren Böden bedingungslos zu erhalten. Fruchtbare Böden machen einen eher kleinen Teil der Kontinente aus. Sie müssen die ganze Welt ernähren. Und die Bodenbildung nimmt Tausende von Jahren in Anspruch ... Jetzt kommen zwei externe Ereignisse. Agrarböden sollen die Energieproduktion bedienen. Die Lebensmittelpreise sind bereits gestiegen. Der Klimawandel gefährdet in höchstem Maß die Fruchtbarkeit unserer Böden, gerade in Deutschland. Wir werden bald wieder das Thema ‚Sicherung der Ernährung auch in Deutschland‘ als aktuelles Problem haben. Dieses Mal ist es drastischer. ... Es geht um den Mangel an Böden auf globaler Skala ...
Vergessen wird in der Diskussion generell, dass Böden viele Leistungen wie Wasserfiltration und Erhalt der Biosphäre für uns bringen und noch mehr, dass sie die globalen Kreisläufe und somit die Stabilität des Klimas gewährleisten. Sie speichern mehr Kohlenstoff als die Vegetation ... Sie zerstören heißt daher auch, die Atmosphäre mit CO_2 aufzuladen und den Klimawandel sehr effektiv anzutreiben. Wir wären also sehr gut beraten, unsere Böden zu schützen und zu erhalten, wo nur möglich.
Doch wird in Stuttgart eine flächenfressende Messe gebaut, trotz Alarmschreien zum Beispiel des ausgewiesenen Hohenheimer Bodenwissenschaftlers Professor Karl Stahr. Ich bewundere durchaus die Schönheit der Architektur des Messeareals. Doch verurteile ich sie. Die gleiche Ausstellungsfläche hätte auch in Etagenbauweise erreicht werden können .... Die Messe ist ein ökologisches Desaster – was die befürwortenden Politiker billigend in Kauf nahmen...
Die Fundiertheit meiner Warnungen könnte man in Studien der internationalen Organisationen nachlesen ... Als Bodenforscher sehe ich Aufgaben zur Maximierung der Bodenleistung auf uns Forscher und auf die Gesellschaft zukommen, die alle bisherigen Probleme übertreffen.“

2

prüfen/überprüfen: vorgegebene Aussagen bzw. Behauptungen an Fakten oder an der inneren Logik messen und dabei eventuelle Widersprüche aufzeigen

1.12 Operator „Prüfen/Überprüfen“

Beispielaufgabe

Überprüfen Sie anhand von zwei wesentlichen Aussagen des Thermoisoplethendiagramms M1, ob dieses Thermoisoplethendiagramm der Station Valdivia in Chile (M2) zugeordnet werden kann.

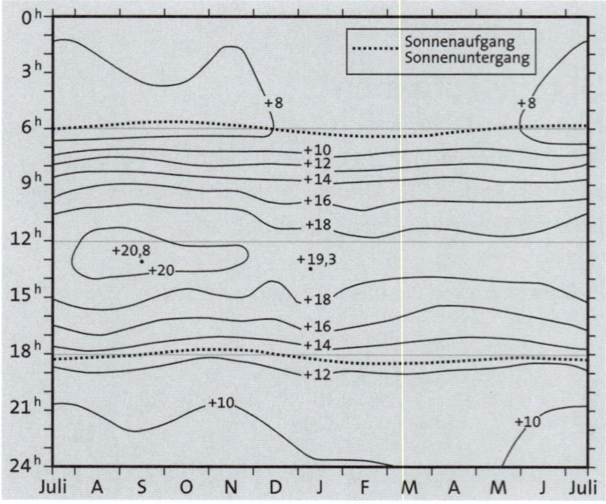

1

Valdivia (Chile, 39°48'S/73°14'W, 9 m)		
Monat	**Temperatur (°C)**	**Niederschlag (mm)**
Juli	7,8	340
August	8,1	279
September	9,3	188
Oktober	11,4	117
November	13,3	92
Dezember	15,3	38
Januar	16,9	65
Februar	16,3	64
März	14,6	97
April	11,8	161
Mai	9,6	377
Juni	8,0	377
Temperatur-Jahresmittel		11,9 °C
Niederschlagssumme		2195 mm

2 **Klimawerte der Station Valdivia**

So sollten Sie vorgehen

1. Was fordert die Aufgabe von Ihnen?

Hier fordert der Operator, anhand von zwei frei gewählten Aussagen des Thermoisoplethendiagramms zu prüfen, ob das Thermoisoplethendiagramm der Station Valdivia (Chile) zugeordnet werden kann.

2. Über welche Kompetenzen sollten Sie verfügen?

Mithilfe der Fähigkeit zur Auswertung von Thermoisoplethendiagrammen und Klimatabellen lassen sich die benötigten Informationen aus den Materialien herausarbeiten. Im Unterricht haben Sie Kenntnisse erworben,

- wie man eine Klimastation im Atlas verortet;
- welche Grundaussagen sich aus einer Klimatabelle (monatliche Durchschnittstemperaturen, monatlicher Niederschlag, Verhältnis arider und humider Monate) und einem Thermoisoplethendiagramm (Tages- und Jahresgang der Temperatur, Tageslängen) gewinnen lassen.

3. Wie finden Sie eine Lösung?

Für ihre Lösung sollten Sie mithilfe ihrer Kompetenzen aus dem Thermoisoplethendiagramm Aussagen zur Tageslänge und zum Jahresgang der Temperatur zu einer bestimmten Uhrzeit entnehmen. Auch sollten Sie auch Rückschlüsse auf Monatsmitteltemperaturen ziehen.

Dem Klimadiagramm müssen Sie Informationen zur Tageslänge (mithilfe der geographischen Lage), zu den Monatsdurchschnittstemperaturen und zu den Maximal- und Minimaltemperaturen entnehmen. Diese Ergebnisse müssen Sie in einem dritten Schritt in Beziehung setzen, um eine Entscheidung treffen zu können.

Wie könnte Ihre Lösung aussehen?

Überprüft man die zentralen Aussagen des Thermoisoplethendiagramms mit den Angaben, die man der Klimatabelle der Station Valdivia entnehmen kann, gibt es Differenzen. Dies kann an drei wesentlichen Aussagen des Thermoisoplethendiagramms überprüft werden.

1. Aussage des Thermoisoplethendiagramms zur Tageslänge

Die Station des Thermoisoplethendiagramms hat im Jahresverlauf nahezu gleiche Tageslängen, während in Valdivia aufgrund der geographischen Lage auf etwa 39°S deutliche Schwankungen der Tageslänge auftreten.

2. Aussage des Thermoisoplethendiagramms zum Jahresgang der Temperatur

Das Thermoisoplethendiagramm gibt an, dass an dieser Station der Jahresgang der Temperatur mit maximal 2 K (Kelvin) eine sehr geringe Amplitude aufweist. Da die Station Valdivia im Jahresverlauf eine Amplitude der Monatsdurchschnittstemperatur von mehr als 9 K aufweist, muss davon ausgegangen werden, dass es im Jahresgang der Temperatur größere Temperaturschwankungen als 2 K gibt.

3. Aussage des Thermoisoplethendiagramms zu den Monatsmitteltemperaturen

Große Differenzen gibt es auch bei den Durchschnittstemperaturen in den Wintermonaten. Aus dem Thermoisoplethendiagramm lassen sich Monatsmitteltemperaturen mit mehr als 10 °C bestimmen. Die Klimatabelle gibt für die Monate Juni und Juli deutlich niedrigere Werte von 8,0 und 7,8 °C an. Damit ergibt die Überprüfung anhand von zwei Aussagen des Thermoisoplethendiagramms, dass es nicht der Station Valdivia zugeordnet werden kann.

Übungsaufgabe

1. „Technologieparks sind der Garant für wirtschaftliche Entwicklung."

Überprüfen Sie am Beispiel der „TechnologieRegion Karlsruhe" diese These.

„Im ‚Technologieatlas Deutschland' bescheinigt Prognos im Auftrag der ‚Wirtschaftswoche' der TechnologieRegion Karlsruhe die fünftstärkste technologische Leistungsfähigkeit unter den 97 deutschen Raumordnungsregionen. Wirtschaftsleistung und Steigerung des Bruttoinlandprodukts liegen hier seit Jahren über dem Bundesdurchschnitt. Von 1000 Erwerbstätigen arbeiten 172 in technologieintensiven Branchen – ein Spitzenwert in Europa. In kaum einer Region arbeiten so viele hoch qualifizierte Forscher, sind die Forschungseinrichtungen so stark vernetzt und liegen die Forschungsfelder der Zukunft so eng beieinander wie in der TechnologieRegion Karlsruhe. Deswegen wird sie auch ‚Badisches Silicon Valley', ‚Deutschlands Denkfabrik' oder ‚Nano-Valley am Rhein' genannt. Investoren stehen 350 ha erschlossene Industrie- und Gewerbeflächen an Unternehmensstandorten mit hervorragenden Verkehrsanbindungen zur Verfügung. IHK, Handwerkskammer, die Aktionsgemeinschaft TechnologieRegion und die Wirtschaftsförderer der Kommunen sind erste Adressen für Investoren und Existenzgründer.

Die Universität Karlsruhe und das Forschungszentrum Karlsruhe bündeln ihre Kompetenzen in Teilchenphysik, Klimaforschung, Nano- und Mikrotechnologie, Materialforschung für den Energiebereich und weiteren Bereichen im kürzlich gegründeten ‚Karlsruhe Institute of Technology'. Gerade die Nanotechnologie besitzt erhebliches Innovationspotenzial. Daneben nimmt das Forschungszentrum Karlsruhe eine international bedeutende Position ein: Es setzt die neuesten Erkenntnisse von Informatik, Ingenieurwissenschaften und Wirtschaftswissenschaften für die Wirtschaft um. Dabei arbeitet es mit kleineren und großen Unternehmen sowie öffentlichen Einrichtungen zusammen. Ebenso bieten die Universität und weitere Forschungseinrichtungen Unternehmen vielfältige Technologietransfer- und Kooperationsmöglichkeiten.

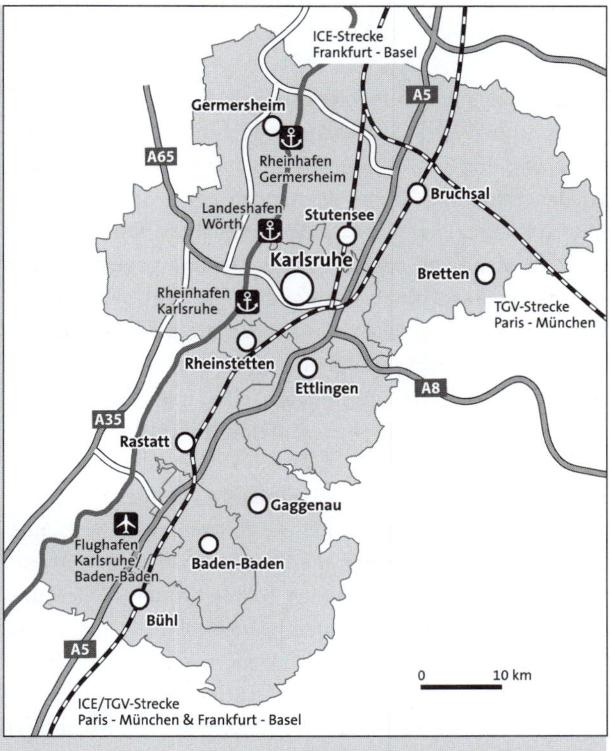

Auch in anderen Bereichen bringt die TechnologieRegion Innovatives hervor – von wiederaufladbaren Hochenergiebatterien über Fahrerassistenzsysteme bis zu neuesten Airbag-Technologien. Marktführer aus der Region sind u. a. der weltweit größte Getriebemotorenhersteller SEW-EURODRIVE in Bruchsal und der Spezialist für Haushaltsspülen, Speiseausgabe- und Verteilsysteme BLANCO in Oberderdingen. Andere Produkte der Region wurden sogar zum Gattungsnamen, wie z. B. das Martinshorn aus Philippsburg oder ‚UHU' aus Brühl."

3 „TechnologieRegion Karlsruhe"

M 1 Manfred Hendl, Herbert Liedtke (Hrsg.) Lehrbuch der Allgemeinen Physischen Geographie, 3., überarbeitete und erweiterte Auflage. Justus Perthes Verlag Gotha, 1997, S. 775

M 3 Standortbroschüre „TechnologieRegion Karlsruhe". Hightech trifft Lebensart. IHK, Karlsruhe 2011

Stellung nehmen: zu einem Sachverhalt, zu einer Aussage oder Behauptung unter Abwägung unterschiedlicher Argumente eine begründete Position beziehen

1.13 Operator „Stellung nehmen“

Beispielaufgabe

„Rekultivierung schafft letzten Endes nur Kunstlandschaften.“ **Nehmen** Sie – ausgehend von Foto 1 – **Stellung** zu dieser Aussage.

1 **Rekultivierung eines Braunkohlentagebaus an der Mühlenerft (südöstlich von Garzweiler I)**

So sollten Sie vorgehen

1. Was fordert die Aufgabe von Ihnen?

Beim Operator „Stellung nehmen“ ist Ihre eigene Meinung gefragt, die Sie sachlich fundiert vertreten sollen. Der Operator „erörtern“ (diskutieren) dagegen verlangt, dass Sie – durch Gewichtung von Pro- und Kontra-Argumenten – ein abgewogenes Urteil fällen, in das verschiedene Perspektiven eingehen. Bei der vorliegenden Problemstellung gilt es also, die Landschaft zu bewerten, die nach Beendigung der Braunkohlenförderung durch Rekultivierung geschaffen wurde. Sind hier wieder naturnahe Räume entstanden oder wirkt das Ganze eher steril und künstlich? Die Stellungnahme hängt sicher in starkem Maße von der eigenen Einstellung gegenüber dem Braunkohlentagebau ab. Auch spielt eine Rolle, welche Anforderungen der Einzelne an eine Landschaft stellt. Soll sie zum Beispiel gut nutzbar sein für eine agrarische Bewirtschaftung oder sollen eher Erholungsmöglichkeiten und vielfältige Freizeit- sowie Sportangebote im Mittelpunkt stehen?

2. Über welche Kompetenzen sollten Sie verfügen?

Ausgehend von den mit dem Braunkohlentagebau verbundenen massiven Eingriffen in die Landschaft und den notwendigen Umsiedlungsmaßnahmen sollten Sie Rekultivierungsmaßnahmen erläutern können. Dabei sollten Sie auch die Konflikte kennen, die bei einer „Wiederherstellung der Landschaft“ auftreten (z. B. zwischen den Erfordernissen einer modernen Landwirtschaft und den Vorgaben des Naturschutzes). Die Lösung dieser Konflikte wird heute in einer sogenannten „gemischten Rekultivierung“ angestrebt. Diese Versuche eines Ausgleichs zwischen Ökonomie und Ökologie, z. B. zwischen den Freizeitansprüchen der Bevölkerung und den Geboten ökologischer Nachhaltigkeit, sollten Sie darstellen können. Unter Beachtung dieser unterschiedlichen Perspektiven können Sie sich durch Bekräftigung oder Widerlegung der jeweils vorgetragenen Argumente auf eine eigene Position festlegen.

3. Wie finden Sie eine Lösung?

In einem ersten Schritt sollten Sie sich einen Überblick über die bei Tagebaulandschaften durchgeführten Rekultivierungsmaßnahmen verschaffen (Schülerbuch, Internet-Recherche). Dabei sollten Sie auch die Interessen der Beteiligten ermitteln. Konkret heißt das, sie sollten die Ansprüche der Land- und Forstwirtschaft (z. B. große, maschinengerechte Felder und schnell wachsende Baumarten), die Forderungen nach ökologischer Nachhaltigkeit (z. B. Anlage von Biotopen), Wünsche der Bevölkerung (z. B. Naherholungsmöglichkeiten mit Wanderwegen und Wassersportmöglichkeiten) und die Belange des Naturschutzes (z. B. Artenschutz) in Ihre Überlegungen einbeziehen.

In dieses klar strukturierte Interessengeflecht können Sie nun Ihre eigene Position einordnen. Dabei spielen sicher auch ästhetische und emotionale Gesichtspunkte eine Rolle (Foto 1).

Wie könnte Ihre Lösung aussehen?

Eine persönliche, kritische Position könnte wie folgt aussehen: Die Aussage ist eine völlig zutreffende Beschreibung der im Foto dargestellten Situation. Bis in die 1970er-Jahre hinein stand bei den Rekultivierungsmaßnahmen die ökonomisch-technische Ausrichtung im Mittelpunkt. Im Sinne einer rationalisierten Landwirtschaft galt es, maschinengerechte, große Feldeinheiten zu schaffen. Das ließ oft steril wirkende Landschaften entstehen. Bei der inzwischen üblichen „gemischten Rekultivierung“ werden zwar abwechslungsreichere See-Wald-Landschaften in der Nachbarschaft der landwirtschaftlich genutzten Flächen geschaffen. Das mag für manche Erholungssuchende im Nahraum und für Wassersportler reizvoll sein. Für mich trägt das Ganze immer noch viele Merkmale von Künstlichkeit.

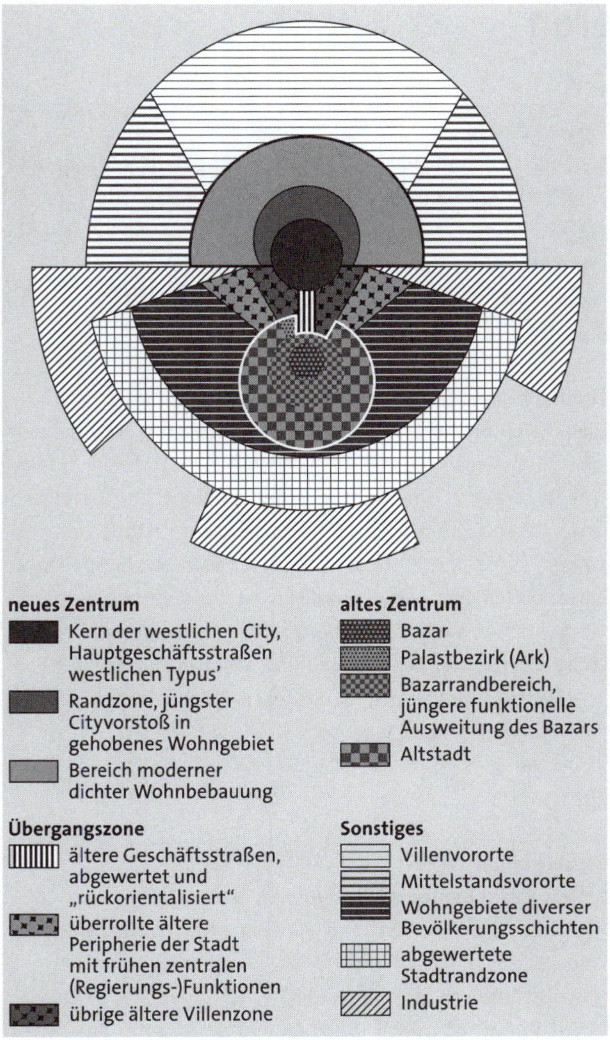

2 **Modell der islamisch-orientalischen Stadt**

„Grüne Mauer" gegen Wüstenausbreitung in Afrika

Dakar/Bonn (pte020/23.06.2010/11:55) – Afrikanische Staats- und Regierungschefs haben sich in Tschad getroffen, um den Plan der ‚Großen Grünen Mauer' gegen die Ausbreitung der Wüste durchzusetzen. Die Initiative zwischen Senegal und Dschibuti einen 15 Kilometer breiten und 7775 Kilometer langen Waldstreifen anzulegen, wurde erstmals vor fünf Jahren geboren. Allerdings wurde sie aus Kostengründen nicht weiter fortgesetzt.

Nun hat auf Initiative des senegalesischen Präsidenten Abdoulaye Wade das Projekt eine weitere Etappe erreicht. Zwei Mio. Dollar hat die senegalesische Regierung für die Aufforstung von Landregionen bereits ausgegeben. Insgesamt beraten die Regierungschefs der elf betroffenen Länder auch über die Baumarten, die angepflanzt werden sollen. Insgesamt sollen 37 adaptierte Spezies, die lokal vorkommen und auch resistent gegen Trockenheit sind, gepflanzt werden. Die Bäume sollen die Bodenerosion verhindern, Windgeschwindigkeiten bremsen und helfen Regenwasser in die Erde versickern zu lassen."

3

Übungsaufgaben

1. „Weltweit gleichen sich die Städte in ihrem Aussehen und in ihrer Struktur immer mehr an. Deshalb ist es nicht mehr gerechtfertigt, von kulturraumspezifischen Stadttypen zu sprechen."

Nehmen Sie – ausgehend von M2 – zu dieser Aussage **Stellung**.

2. Nehmen Sie vor dem Hintergrund des obigen Quellentextes **Stellung** zu der folgenden Aussage.

„Auch wenn einzelne Grüngürtel lokal sinnvoll sein können, kann die Lösung nicht nur im technischen Bereich liegen."

3. „In ganz Deutschland gibt es unterschiedliche Wohlstands- und Lebensverhältnisse. Wer sie einebnen will, zementiert den Subventionsstaat und legt der jungen Generation eine untragbare Last auf."

Nehmen Sie **Stellung** zu dieser 2007 vom ehemaligen Bundespräsidenten Horst Köhler geäußerten Meinung.

M 2 Kali Heinrich, IGF 2010

M 3 http://www.pressetext.com/news/20100623020 (08.01.2014)

erörtern/diskutieren: zu einer vorgegeben Problemstellung durch Abwägen von Für- und Wider-Argumenten ein abgewogenes Urteil fällen

1.14 Operator „Erörtern/Diskutieren“

Beispielaufgabe

„Der Wachstumsschub wird auch weiterhin auf einer steigenden heimischen Nachfrage beruhen. Das Ineinandergreifen von Kapitalismus, Demokratie, günstiger Demografie und den durch die Globalisierung eröffneten Möglichkeiten verleiht Indiens Wirtschaft eine Dynamik, die auch von einem schwerfälligen politischen Apparat kaum zu stoppen ist.“

Erörtern Sie mithilfe von M1–M5 die Perspektiven zur Hebung des Entwicklungsniveaus Indiens!

Indien – Land der Gegensätze

„Indien eifert dem Wirtschaftsboom des großen asiatischen Nachbarn nach. Doch trotz des gigantischen Aufschwungs ist Indien nach wie vor durch tiefe soziale Gegensätze geprägt. Während der moderne Sektor boomt und Glaspaläste westlicher Konzerne wie Pilze aus dem Boden sprießen lässt, lebt und arbeitet der weit größte Teil der indischen Gesellschaft in der traditionellen Wirtschaft ... . Elendigste Slums, gigantische Müllberge und ein wütendes Verkehrschaos befinden sich oft in unmittelbarer Nachbarschaft der neuen Wirtschaftswelt aus Glas, Marmor und Beton. Auch der Boom wird ... nicht in der Lage sein, die soziale Spaltung des Landes zu überwinden. Der Wirtschaftsboom in Indien besteht in erster Linie in dem Aufstreben einzelner Branchen wie der Biotechnologie, der Genforschung, der Raumfahrttechnologie, der Medizinbranche und Pharmaindustrie. Dieser Boom basiert darauf, dass in diesen Bereichen sehr gut ausgebildete Köpfe zu sehr günstigen Konditionen vorhanden sind. Dadurch können die Forschungs- und Entwicklungskosten, die in diesen Bereichen traditionell hoch sind, gesenkt werden. Ermöglicht wird der rasante Aufstieg durch einen vorangegangenen Boom der Wissensindustrie. Die indische Hochschullandschaft produziert beispielsweise jährlich 150 000 ... Informatiker, deren Ausbildungsniveau sich mit europäischen oder amerikanischen Absolventen messen lassen kann.“

1

Indien boomt

„In Indien ist der Wirtschaftsaufschwung hausgemacht, das eigene intellektuelle Potenzial ist beträchtlich. Die gebildeten Inder sprechen alle Englisch und die Ausbildung entspricht absolut den westlichen Standards.“

3

Indien betreibt kommerzielle Raumfahrt

„Neu Delhi (dpa) – Indien ist in den Club der kommerziellen Raumfahrtnationen aufgestiegen: Eine indische Trägerrakete brachte am Montag einen italienischen Satelliten erfolgreich in den Weltraum. ‚Das ist ein historischer Moment‘, sagte der Chef der Indischen Raumforschungs-Organisation (ISRO), G. Madhavan Nair. Unter den indischen und italienischen Wissenschaftlern im Kontrollzentrum im südindischen Sriharikota brach Jubel aus, als die Rakete den Forschungssatelliten nach 22 Minuten in die Umlaufbahn in 550 Kilometer Höhe brachte.“

4

Schlagzeilen

„Kleine Familienbetriebe treiben in den Ruin!“
„Ghandis Enkel wollen Spaß – die neue Mittelschicht wächst rapide!“
„Großstädte drohen zu platzen!“
„Fast täglich ist in Zeitungen von Suiziden unter Bauern zu lesen!“
„Inder wollen auf den Mond!“
„Gletscherseen im Himalaja wachsen!“
„Fast 13,5 Mio. Menschen durch den schlimmsten Monsun seit Jahrzehnten obdachlos.“

5

	1995	2000	2005	2012
Bevölkerung	923 000	1 014 825	1 097 000	1 236 686 732
Städtische Bevölkerung in %	26,6	27,6	28,7	31,7
Geburtenziffer in ‰	28,3	25,8	24,2	20,7
Sterbeziffer in ‰	9,0	8,5	7,5	7,9
Säuglingssterblichkeit in ‰	74,0	68,0	58,0	44,0
Lebenserwartung bei Geburt männlich	59,7	59,8	60,8	64,5
Lebenserwartung bei Geburt weiblich	60,9	62,7	63,1	68,0
Einwohner je Arzt	k. A.	1 827	17 004	k. A.
Alphabethisierungsrate	52,0	57,2	60,4	74,4
Universitäten	226	254	3045	k. A.
Energieverbrauch pro Kopf kg Erdöläquivalent	402,1	438,7	478,5	613,7
Kohlendioxidemissionen in Mio. t	920	1 186	1 411	2 008

2 **Statistische Daten zu Indien**

So sollten Sie vorgehen

1. Was fordert die Aufgabe von Ihnen?

Es gilt, Argumente zu entwickeln, welche die Perspektiven zur Hebung des Entwicklungsniveaus Indiens verdeutlichen. Diese sollten diskutiert werden. Nach Gewichtung der Argumente ist ein abgewogenes Urteil zu fällen.

2. Über welche Kompetenzen sollten Sie verfügen?

Da dieser Operator dem höchsten Anforderungsniveau angehört, ist die Problemstellung von einer großen Komplexität gekennzeichnet und sehr häufig mit sehr unterschiedlichen Materialien untersetzt. Sie müssen daher in der Lage sein, die Für- und Wider-Argumente der Perspektiven zur Steigerung des Entwicklungsniveaus Indiens aus den Materialien zu entnehmen und diese zu einem begründeten Urteil zusammenzufassen.

3. Wie finden Sie eine Lösung?

Im ersten Schritt ist es notwendig, dass Sie eine Für- und Wider-Liste erstellen. In diese tragen Sie die Argumente aus den Materialien ein, die für die Beantwortung der Problemstellung hilfreich sein könnten. Im vorliegenden Beispiel geht es um die Erhöhung des Entwicklungsniveaus in Indien mit dem Schwerpunkt der wirtschaftlichen Entwicklung und deren Auswirkungen auf die Ökologie. In einem zweiten Schritt beziehen Sie mithilfe der Argumente zum Problem Stellung und fällen ein begründetes Urteil. Dabei sollte das Urteil einer kritisch distanzierten Reflexion standhalten.

Wie könnte Ihre Lösung aussehen?

Argumente, welche die Aussagen zur Hebung des Entwicklungsniveaus Indiens unterstützen:

- Anhaltender Wirtschaftsboom in modernen Wirtschaftsbereichen, wie der IT-Technologie, der Raumfahrtindustrie, der Biotechnologie. (M 1 und M 3),
- Öffnung der indischen Wirtschaft für den globalen Markt (M 1),
- hohes Bildungsniveau in ausgewählten Bereichen der modernen Wirtschaft und der englischen Sprache als Geschäftssprache (M 2),
- hoher Standard in Forschung und Entwicklung in ausgewählten Sektoren (M 3),
- demografische Entwicklung (M 5),
- Modernisierung ausgewählter Stadtbereiche (M 1),

Argumente, welche die negativen Begleiterscheinungen und Hemmfaktoren hervorheben:

- Verstärkung der sozialen Unterschiede innerhalb der Gesellschaft, vor allem zwischen Stadt und Land (M 1 und M 4),
- unkontrollierte Stadtentwicklung mit Auswirkungen in den Bereichen Wohnen, Verkehr oder Entsorgen (M 1),
- geringe Veränderungen im Bereich der traditionellen Wirtschaftssektoren, wie der Landwirtschaft (M 1),
- Rückgang der traditionellen Familienbetriebe (M 4),
- wachsender Verbrauch von Primärenergie (M 5),

Fazit: Die Hemmfaktoren und Probleme sind nicht zu unterschätzen. Sie können langfristig zu einem Abschwung der Entwicklung führen. Vor allem die sozialen und ökologischen Folgen der Entwicklung sind kritisch zu hinterfragen. Ohne eine Nachhaltigkeit in diesen beiden Bereichen ist auch auf Dauer der ökonomische Fortschritt nicht zu sichern.

Übungsaufgabe

1. Erörtern Sie die „Lebensqualität" in dem in Foto 6 dargestellten Raum.

6 **Fedderwardersiel in Ostfriesland**

M 1, M 3 Ulrich Brameier. In: Praxis Geographie. Bildungshaus Schulbuchverlage Braunschweig, 5/2006, S. 39

M 2 Mehrere verschiedene Statistiken und Internetangaben

M 4 www,.pro-physik.de/Phy/leadArticle.do?laid=9120 vom 23.04.2007, Zugriff 03/2011

M 5 Verschiedene Presseveröffentlichungen

beurteilen/bewerten: auf der Basis von Fachkennnissen, Materialinformationen oder eigenen Schlussfolgerungen unter Offenlegung der angewendeten Wertmaßstäbe zu einer fundierten, qualifizierten Einschätzung gelangen beziehungsweise eine begründete eigenen Meinung entwickeln

1.15 Operator „Beurteilen/Bewerten“

Beispielaufgabe

Die Karte M 1 zeigt Klimastationen in Nordamerika, für die verlässliche Niederschlagsmessungen vorliegen und die von Köppen / Geiger für die Erstellung ihrer Klimakarte verwendet wurden.

Beurteilen Sie anhand der gezeigten Verteilung der Messstationen die Aussagekraft einer derartigen Klimakarte.

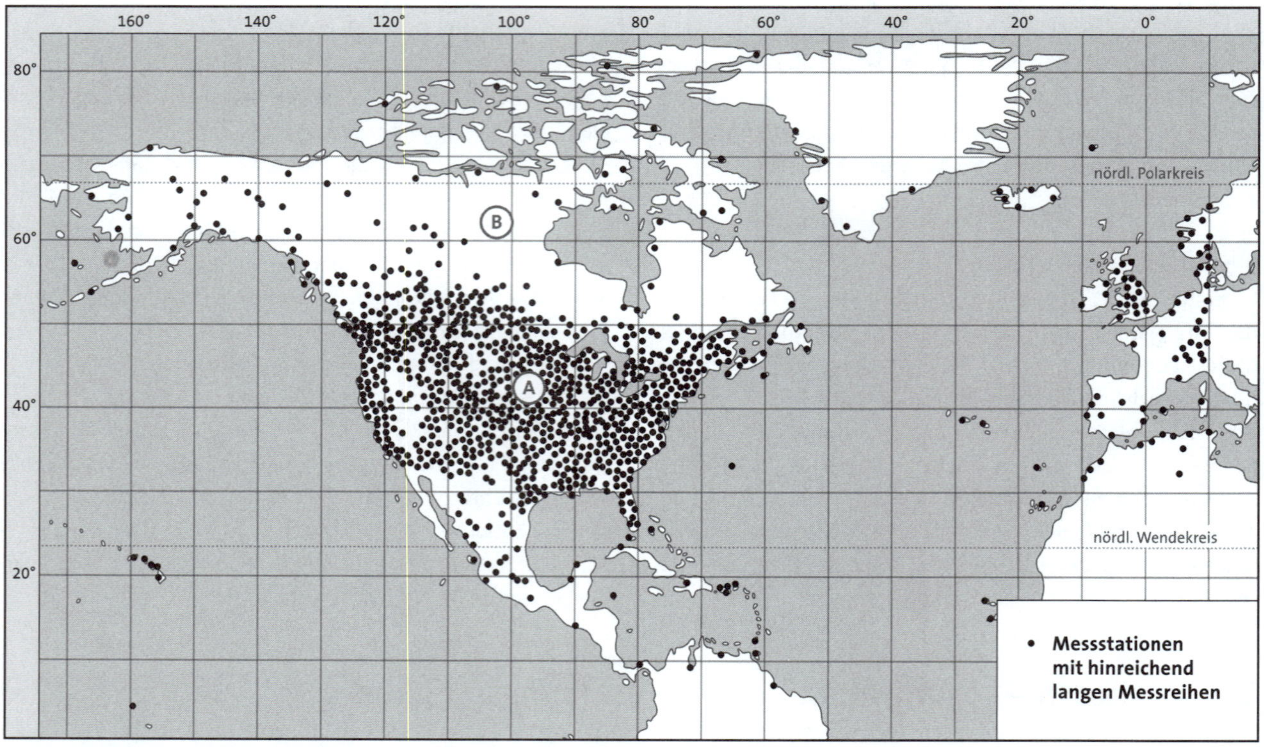

1 **Verteilung von Niederschlagsmessstationen in Nord- und Mittelamerika**

So sollten Sie vorgehen

1. Was fordert die Aufgabe von Ihnen?

Der Operator verlangt hier von Ihnen, dass Sie die Verteilung der Messstationen erfassen und herausarbeiten, welche Bedeutung die Verteilung der Messstationen für die Aussagekraft von Klimakarten hat. Es geht also nicht um ein Beschreiben, eine Analyse oder Interpretation der Karte, sondern Sie müssen die enthaltenen Aussagen zur Verteilung von Messstationen als Voraussetzung für andere, darauf basierende Karten prüfen.

2. Über welche Kompetenzen sollten Sie verfügen?

Notwendige Voraussetzung ist für Sie zunächst, dass Sie Karten lesen und wesentliche Informationen entnehmen können. Sie sollten auch Kriterien zur kritischen Betrachtung von Daten hinsichtlich ihrer Verwendbarkeit finden können. Wichtig sind auch Kenntnisse zum Erstellen thematischer Karten, die Sie anwenden müssen.

Ihre Kenntnisse zum Aufbau von effektiven Klimaklassifikationen, hier insbesondere zur Klimakarte von Köppen / Geiger, sollten Sie ebenfalls anwenden können.

3. Wie finden Sie eine Lösung?

Zunächst sollten Sie die Karte einordnen und die Hauptaussagen der vorliegenden Karte erfassen.

In einem zweiten Schritt sollten Sie die Karte mit der effektiven Klimaklassifikation von Köppen heranziehen, um die klimatische Gliederung in Nordamerika zu erfassen:

- Mexiko und Westteil der USA mit einer sehr kleinräumigen Untergliederung im Bereich Niederschläge (2. Buchstabe der Klassifizierung): Steppenklima, Wüstenklima, wintertrocken,
- alle übrigen Bereiche weniger differenziert, große Räume sind einheitlich als feucht eingeordnet.

Im dritten Schritt müssen Sie diese Aussagen abgleichen. Das lässt sich gut in einer Übersicht darstellen:

A: Gebiete mit hoher Datendichte in M1	**B: Gebiete mit geringer Datendichte in M1**
Meist kleinräumige Differenzierung mit drei verschiedenen Niederschlagstypen	Große Räume einheitlich klassifiert, bezüglich Niederschlägen keine Unterschiede im gesamten Raum

Damit können Sie in einem letzten Schritt Ihre abschließende Beurteilung formulieren. Sie sollten dabei die angewendeten Kriterien (Datenlage uneinheitlich und die gewonnenen Zusammenhänge [Tabelle]) benennen.

Wie könnte Ihre Lösung aussehen?

Erkennbar in der Karte M1 ist eine sehr unterschiedliche Dichte des Messnetzes: Bereichen mit sehr hoher Stationsdichte (USA, Mexiko) stehen Bereiche mit sehr spärlicher Stationsdichte (Alaska, Grönland und fast ganz Kanada) gegenüber, die Datenlage ist also insgesamt äußerst uneinheitlich. Die Aussagekraft der effektiven Klimakarte muss für Regionen, in denen die Datengrundlage sehr gering ist, infrage gestellt werden. Es wird für diese Regionen suggeriert, dass hier großflächig gleiche Niederschlagsbedingungen herrschen. In Regionen mit diesem spärlichen Messnetz werden „Ausreißerstationen" (z. B. durch lokale Gegebenheiten wie Höhenlage, lokale Windsysteme etc.) entweder gar nicht erfasst oder durch Zufall überbewertet.

Die kleinräumige Differenzierung ist nur in Regionen mit ausreichend dichtem Netz an Messstationen möglich. Nur dort kann von genauen Unterscheidungen verschiedener Niederschlagstypen in der Karte von Köppen/Geiger ausgegangen werden.

Übungsaufgabe

1. Einige Wissenschaftler vertreten die Auffassung, dass die neuen Wohnstädte am Rand der Metropole Santiago keine Städte im geographischen Sinn mehr seien. (M2)
Beurteilen Sie diese Auffassung vor dem Hintergrund des geographischen Stadtbegriffs.

Megaprojekte im Umland der Agglomeration Santiago de Chile

„In einigen Städten Lateinamerikas sind in den letzten Jahren geschlossene städtebauliche Komplexe entstanden, die die übliche Größe von Barrios Cerrados bei Weitem übersteigen und als ummauerte Städte – Ciudades Valladas – bezeichnet werden können. Solche Einheiten erreichen nicht selten Einwohnerzahlen von 50000 Menschen und mehr. (...) Inzwischen sind derartige Megaprojekte auch in Santiago begonnen worden, und zwar für die Oberschicht (PiedraRoja, Valle Norte, La Reserva) und die untere Mittelschicht (Larapinta, Valle Grande).

Um die geplanten Erschließungen dann auch durchführen zu können, bedurfte es einer rechtlichen Grundlage, denn auch in einer deregulierten Ökonomie ist es keineswegs selbstverständlich, dass Straßen und Autobahnen für die Öffentlichkeit unzugänglich erstellt werden und Territorien, die sich in einer einzigen Gemeinde (Colina) auf 36 km² summieren können, im Einzelfall aber auch schon 16 km² erreichen, zwar urban erschlossen, aber der Öffentlichkeit verschlossen gestaltet werden. Hinter den hohen Mauern und den zentralen Einfahrtstoren wohnen im Endstadium immerhin bis zu 65000 Menschen, und derartig große Ghettos sind natürlich nicht unproblematisch. (...)

Diese Ciudades Valladas am Nordrand der Metropolitanregion von Santiago de Chile sind mit Privatschulen, Privatuniversitäten, Einkaufszentren oder Malls, großzügigen Sportanlagen (Golf, Tennis, Freibäder, Fitness etc.) ausgestattet, die ausschließlich den Bewohnern vorbehalten sind. Sie sind darüber hinaus mit Privatstraßen und -autobahnen mit der Oberstadt von Santiago verbunden und gestatten den Bewohnern, die Arbeitsplätze in den Büro-Vierteln der Stadt in 10–15 Minuten zu erreichen, während ihre nicht zur Benutzung dieser Privatverkehrswege berechtigten Nachbarn außerhalb der Ciudades Valladas hierfür auf den zur Rush-Hour überfüllten öffentlichen Straßen 1,5 bis 2 Stunden benötigen."

2

M1 http://climateaudit.org/2008/02/10historical-station-distribution, Zugriff 03/2011

M2 Axel Borsdorf: ÖGL, 50. Jg. 2006, H. 4, S. 248

2 Überprüfen Sie Ihr Fachwissen

2.1 Testaufgaben zur Selbstkontrolle

Zu Kapitel 2.1 Natürliche Voraussetzungen menschlichen Lebens auf der Erde

Siehe Schülerbuch „Fundamente" S. 16–73

1 Erklären Sie die folgenden Begriffe: Kontinentalverschiebung, Plattentektonik, Sea-floor-spreading, Hot-spot.

2 Beschreiben Sie die Kräfte, die die Erdplatten bewegen.

3 Ergänzen Sie den folgenden Text, indem Sie die Lücken ausfüllen:
Beim Auseinanderdriften (Divergenz) zweier Platten wird neue ozeanische Lithosphäre gebildet und es entsteht ein ___________ _____________. Bei der Kollision von Platten (Konvergenz) bildet sich im Falle der Subduktion ein ___________. Beim Zusammenprall von zwei kontinentalen Platten entsteht durch Unter- und Überschiebung ein ___________.

4 Bringen Sie die folgende Begriffe in die richtige Reihenfolge: Thermosphäre, Tropopause, Mesosphäre, Troposphäre, Exosphäre, Stratosphäre, Ozonschicht.

5 Tragen Sie in die folgende Skizze die bodennahen Windgürtel ein und benennen Sie die Luftdruck- und Windgürtel.

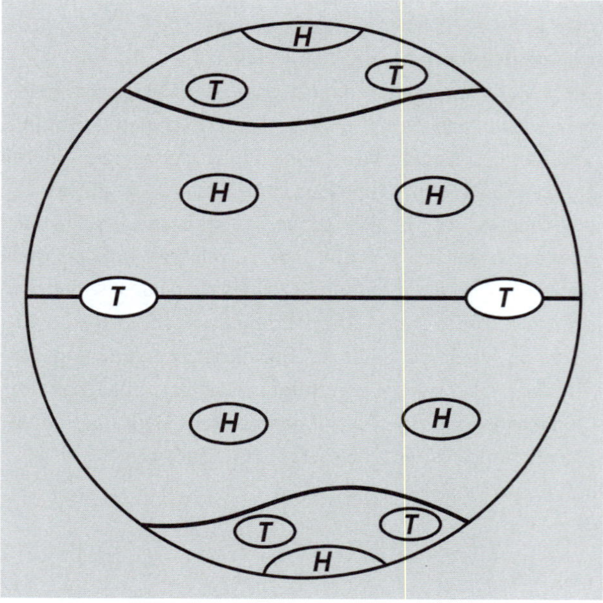

1 **Skizze zum Eintrag der Atmosphärischen Zirkulation**

6 Erläutern Sie, wie beim Land-See-Windsystem nachts ein Landwind entsteht.

7 Erklären Sie den natürlichen und anthropogenen Treibhauseffekt.

8 Erstellen Sie ein vereinfachtes Schema des Wasserkreislaufs auf der Erde.

9 Welche Faktoren bestimmen die Abflusshöhe eines Flusses? Kreuzen Sie die richtigen Antworten an.
- ○ Niederschlag
- ○ Fließgeschwindigkeit
- ○ Sohlentiefe
- ○ Speicherkapazität des Einzugsgebietes

10 Der Boden übt mehrere Funktionen aus. Nennen Sie diese Funktionen.

11 Erläutern Sie den Prozess der Bodenbildung.

12 Erklären Sie die Begriffe „Bodentyp" und „Bodenart".

13 Ordnen Sie den Landschaftszonen charakteristische Bodentypen zu und umgekehrt.

Bodentyp	Landschaftszone
ferrallitischer Boden	
	Boreale Nadelwaldzone
	Winterkalte Steppe
Terra Rossa	

14 Nennen Sie am Beispiel Afrikas die Abfolge der Klima- und Vegetationszonen vom Äquator zum Mittelmeergebiet.

Zu Kapitel 2.2 Geoökosysteme

Siehe Schülerbuch „Fundamente" S. 74–107

1 Erklären Sie die folgenden Begriffe: Geoökosystem, Geosphäre, Geofaktor, Geoelement.

2 Nennen Sie die Merkmale eines Ökosystems.

3 Beschreiben Sie das Klimadiagramm und ordnen Sie es einer Landschaftszone zu.

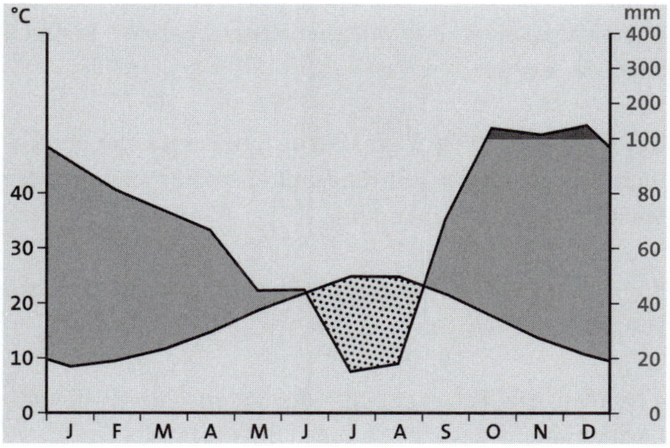

2 **Klimadiagramm**

4 Nennen Sie die klimatischen Kennzeichen des Geoökosystems Sahelzone.

5 Erläutern Sie am Beispiel der Sahelzone das Syndromkonzept.

6 Nehmen Sie Stellung zu der Behauptung, die Immerfeuchten Tropen seien ökologisch benachteiligt.

7 Erstellen Sie eine Liste wesentlicher Merkmale des Ecofarming in den Immerfeuchten Tropen.

8 Erläutern Sie anhand der Abbildung 3 die Funktionen von Bäumen in der Agroforstwirtschaft.

9 Nennen Sie mögliche Folgen der globalen Erwärmung auf das Geoökosystem Arktis.

10 Erläutern Sie die Bedeutung der Ozeane für das globale Klimageschehen.

11 Beschreiben Sie mögliche Folgen einer Flussbegradigung für die Flusslandschaft.

12 Nennen Sie Übereinstimmungen und stellen Sie die Unterschiede zwischen einem naturnahen und einem städtischen Ökosystem dar.

13 „Die Grüne Stadt ist ein probater Lösungsansatz zur Verbesserung des Stadtklimas." Erklären Sie diese Aussage.

3 **Funktion von Bäumen in der Agrowirtschaft**

Zu Kapitel 2.3 Bevölkerung – Wachstum, Struktur und Migration

Siehe Schülerbuch „Fundamente" S. 108–123

1 „Alterspyramiden ermöglichen einen Blick in Vergangenheit, Gegenwart und Zukunft einer Gesellschaft." Überprüfen Sie die Richtigkeit des Zitats an der Alterspyramide Deutschlands aus dem Jahre 2013.

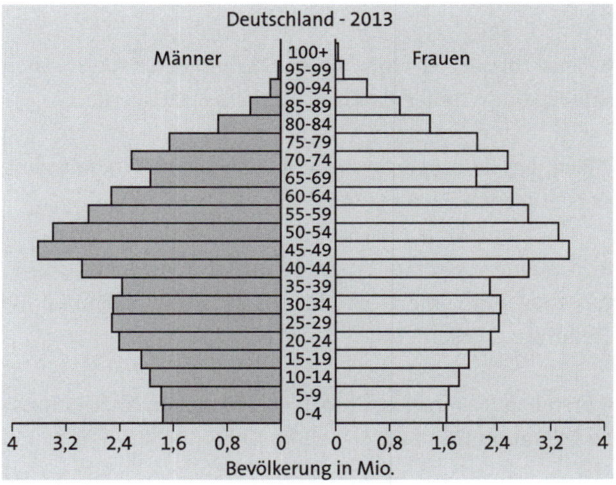

4 **Deutschland: Alterspyramide 2013**

M3 Nach Misereor: Arbeitshefte, Kamerun. Aachen: Bischöfliches Hilfswerk Misereor 1988, S. 54

M4 www.berlin-institut.org/newsletter/NL_50_DUE-kl.jpg, Zugriff 02/2014

2 Nennen Sie Faktoren, die das Bevölkerungswachstum bestimmen.

3 Erklären Sie die Begriffe „demographischer Übergang" und „demographische Dividende".

4 Stellen Sie die Phasen des „demographischen Übergangs" dar.

5 Ordnen Sie die folgenden Länder in das Modell des demographischen Übergangs ein und bestimmen Sie die jeweilige Phase (Daten für 2011).

Land	Geburtenrate	Sterberate
Afghanistan	43	16
Bangladesch	20	6
Belgien	12	10
Ungarn	9	13

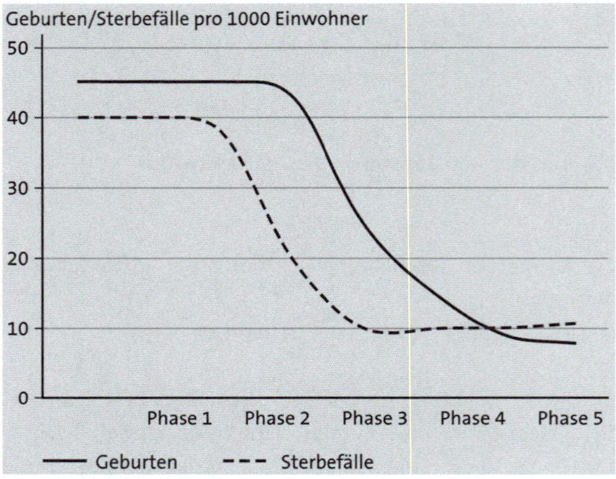

5 **Modell des demographischen Übergangs**

6 Deutschland hat eine höhere Sterberate als die meisten Entwicklungsländer. Erklären Sie diesen Sachverhalt.

7 Nennen Sie mögliche negative Folgen der Überalterung der deutschen Bevölkerung.

8 „Nur eine verstärkte Zuwanderung vermag die demographischen Probleme Deutschlands zu lösen." Nehmen Sie Stellung zu dieser Aussage.

9 Erstellen Sie eine Liste möglicher Ursachen internationaler Migration.

10 Erklären Sie folgende Begriffe: Mobilität, Migration, Landflucht, Urbanisierung, Suburbanisierung.

Zu Kapitel 2.4 Landwirtschaft

Siehe Schülerbuch „Fundamente" S. 124–153

1 „Tragfähigkeit ist nur eine theoretische Größe." Erklären Sie diese Aussage.

2 „Der Hunger in der Welt lässt sich nur mit einer gerechteren Verteilung der Nahrungsmittel stillen." Nehmen Sie Stellung zu dieser Behauptung.

3 Erstellen Sie eine Grafik zum Zusammenhang zwischen Hunger und Überfluss in der Welt.

4 Nennen Sie Faktoren, die die agrarische Produktion bestimmen.

5 Erklären Sie die folgenden Begriffe: general farming, extensive und intensive Viehzucht, feedlot, food crops, cash crops, landgrabbing.

6 Nennen Sie Erscheinungsformen, die die Industrialisierung der Landwirtschaft in Deutschland kennzeichnen.

7 Erklären Sie anhand der Grafik 6 (S. 39) den Ausdruck „Strukturwandel der deutschen Landwirtschaft".

8 Analysieren Sie die Maßnahmen zur Produktionssteigerung beim Agrobusiness im Hinblick auf ökologische Probleme.

9 Vergleichen Sie konventionelle und ökologische Landwirtschaft.

10 „Eine nachhaltige Landwirtschaft ist nur eine Vision." Nehmen Sie Stellung zu dieser Behauptung.

11 Nennen Sie die Hauptziele der Gemeinsamen Agrarpolitik der EU (GAP).

Zu Kapitel 2.5 Ressourcen und ihre Nutzung

Siehe Schülerbuch „Fundamente" S. 154–183

1 Beschreiben Sie den Unterschied zwischen Reserven und Ressourcen.

2 Nennen Sie Faktoren, die die Wirtschaftlichkeit und die Abbauwürdigkeit von Rohstoffen beeinflussen können.

3 Erklären Sie die Entstehung von Eisenerz, Erdöl und Steinkohle.

4 Erläutern Sie am Beispiel des Aluminium-Recyclings das Prinzip der Kreislaufwirtschaft.

M 5 www.berlin-institut.org/newsletter/NL_50_DUE-kl.jpg, Zugriff 02/2014

Jahr	Zahl der Betriebe ab 2 ha (1 000)	LNF (1 000 ha)	durchschnittliche LNF der Betriebe (ha)
1949	1 791,8	13 339	7,4
1960	1 500,7	12 982	8,7
1970	1 146,9	12 678	11,1
1980	836,5	12 192	14,6
1990	667,3	11 794	17,7
2001	448,9	17 096	38,1
2007	374,5	16 954	45,3
2013	285,0	16 700	58,5

6 **Entwicklung der Zahl und Durchschnittsgröße landwirtschaftlicher Betriebe in Deutschland** (zu Arbeitsauftrag 7, S. 38)

5 Beschreiben Sie anhand der Abbildung 7 die Energiesituation in Deutschland im Allgemeinen und der Braunkohle im Besonderen.

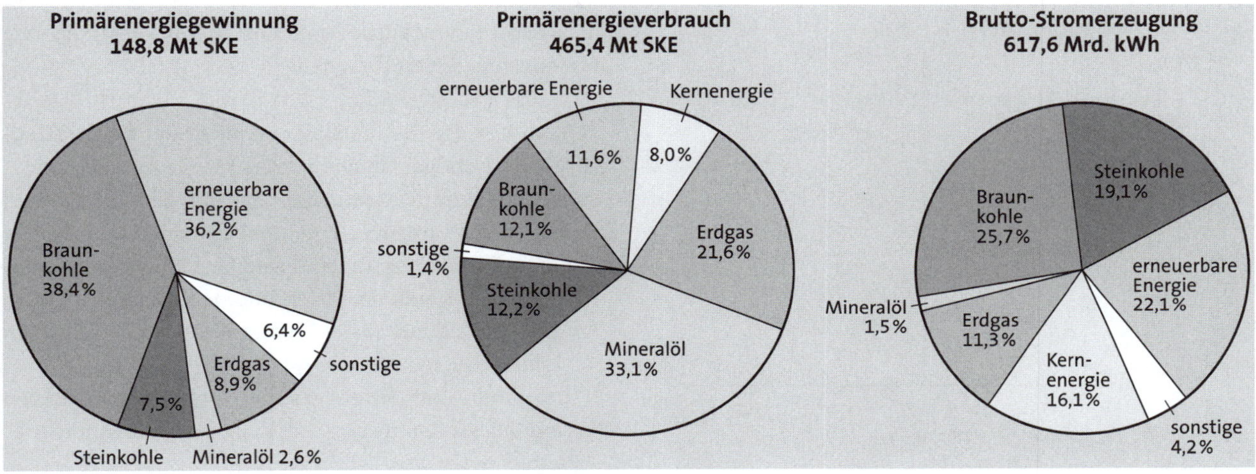

7 **Stellung der Braunkohle in der Energiewirtschaft Deutschlands 2012**

6 Begründen Sie die Notwendigkeit einer veränderten Energiewirtschaft.

7 Erörtern Sie ökonomische und ökologische Aspekte der Nutzung erneuerbarer Energien.

8 Erläutern Sie Hintergründe der globalen Wasserkrise.

9 Stellen Sie dar, wie der Mensch schädigend in den natürlichen Wasserkreislauf eingreifen kann.

10 Nennen Sie Beispiele für die in der Abbildung 8 genannten Konfliktebenen.

11 Nennen Sie Lösungsansätze für eine nachhaltige Wassernutzung.

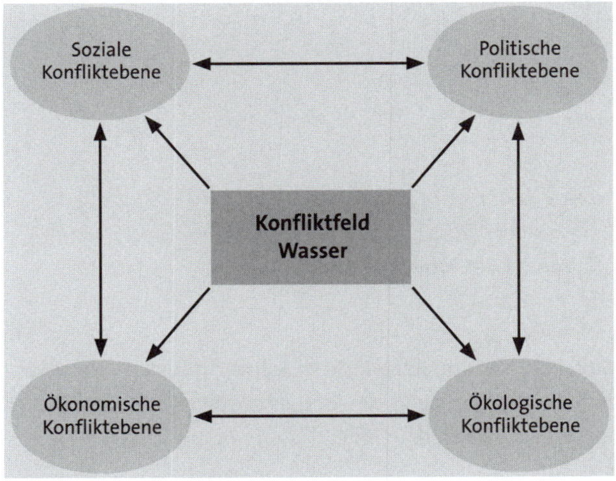

8 **Konfliktpotenzial Wasser**

M6 https://www.destatis.de/DE/zahlenFakten/Wirtschaftsbereiche/LandwirtschaftForstwirtschaft/landForstwirtschaft/html

M7 www.AG-Energiebilanzen.de Zugriff 03/2013

Zu Kapitel 2.6 Industrie und Dienstleistungen

Siehe Schülerbuch „Fundamente" S. 184–229

1 Erklären Sie die folgenden Begriffe: Handwerk, Hausindustrie, Manufaktur, Industrie.

2 „Die Textilindustrie ist die Mutter der Industrien." Erklären Sie den Ausspruch am Beispiel der englischen Textilindustrie.

3 Erläutern Sie mit Beispielen den Unterschied zwischen harten und weichen Standortfaktoren.

4 Erläutern Sie den Zusammenhang zwischen Standortfaktoren und Produktlebenszyklus, indem Sie den vier Phasen die in der Abbildung genannten Standortfaktoren zuordnen, gewichtet nach: ++ sehr wichtig, + wichtig, o nicht wichtig

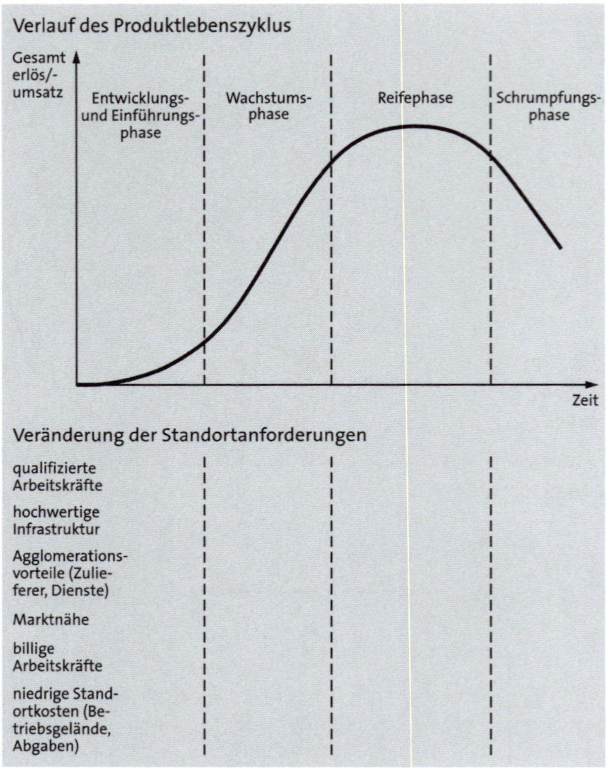

9 **Verlauf des Produktlebenszyklus**

5 Stellen Sie am Beispiel der Schwerindustrie die räumlichen Auswirkungen des Bedeutungswandels von Standortfaktoren dar.

6 Erläutern Sie die Theorie der Langen Wellen.

7 Charakterisieren Sie Merkmale der folgenden industriellen Produktionskonzepte: Fordismus, Postfordismus, Just-in-time-Produktion, Lean Production.

8 Beschreiben Sie die Funktionsweise eines Clusters.

9 Nennen Sie Ursachen der Tertiärisierung und ihre Auswirkungen auf die Lebens- und Arbeitswelt.

10 Der Raum Frankfurt/Main ist einer der wirtschaftsstärksten Räume Deutschlands.

a) Nennen Sie die Gunstfaktoren.

b) Erläutern Sie mögliche Probleme, die sich aus der Verdichtung von Menschen und Wirtschaftseinrichtungen in diesem Raum ergeben können.

11 Erörtern Sie die wirtschaftliche Bedeutung des Tourismus für periphere Regionen.

12 Nennen Sie mögliche Maßnahmen zur Verwirklichung eines nachhaltigen Tourismus.

13 Sind die folgenden Aussagen richtig oder falsch? Kreuzen Sie die richtigen an und korrigieren Sie die falschen.

- ○ Von „Tourismus" kann man erst mit den Aufkommen des Massentourismus in den 1960er-Jahren sprechen.
- ○ Aufgrund der negativen Reisebilanz (mehr ausreisende als einreisende Touristen und damit unausgeglichene Devisenbilanz) ist der Tourismus für Deutschland ein Verlustgeschäft.
- ○ Aufgrund seiner relativ geringen Umwelteinwirkungen wird der Tourismus zu Recht auch als „weiße Industrie" bezeichnet.
- ○ Die künftige Entwicklung des weltweiten Tourismus hängt auch von den Folgen des Klimawandels ab.

Zu Kapitel 2.7 Raumordnung

Siehe Schülerbuch „Fundamente" S. 230–259

1 Erläutern Sie die Notwendigkeit einer „Ordnung im Raum".

2 Beschreiben Sie konkrete Aufgaben und Maßnahmen der Raumordnung.

3 Nennen Sie die Planungsstufen und Träger der Raumordnung in Deutschland.

4 Stellen Sie das Gegenstromprinzip mithilfe einer vereinfachten Skizze dar.

M 9 Nach Elmar Kulke. Grundriß Allgemeine Geographie. Wirtschaftsgeographie. Paderborn: Schöningh 2008, S. 96, UTB

M 10 Nach Heinz Heineberg: Grundriß Allgemeine Geographie. Stadtgeographie. Paderborn 2000, S. 120, UTB

M 11 Nach Klaus Claaßen. Die Siedlung. Braunschweig: Bildungshaus Schulbuchverlage Westermann, Schroedel, Diesterweg, Schöningh, Winklers 2008, S. 37

5 Erläutern Sie anhand der Abbildung das Prinzip des punkt-axialen Systems.

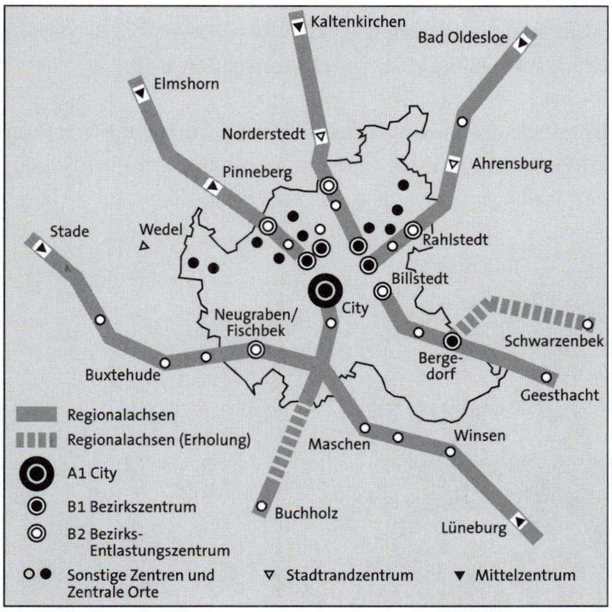

10 Entwicklungsachsen, Zentrale Standorte in Hamburg und Zentrale Orte im Umland

6 Erklären Sie die Notwendigkeit raumordnerischer Maßnahmen, die sich aus der Energiewende für Deutschland ergeben.

7 Vergleichen Sie Flächennutzungsplan und Bebauungsplan.

8 „Die besondere Situation der peripheren ländlichen Räume in Deutschland verlangt spezielle raumordnerische Maßnahmen." Nennen Sie solche Maßnahmen.

9 Begründen Sie die Notwendigkeit einer europäischen Raumordnungspolitik.

10 Stellen Sie strukturpolitische Instrumente der europäischen Raumentwicklungspolitik dar.

Zu Kapitel 2.8 Lebensraum Stadt und weltweite Verstädterung

Siehe Schülerbuch „Fundamente" S. 260–299

1 Erklären Sie die Begriffe: Städtewachstum, Verstädterung, Urbanisierung, Megapolisierung, Suburbanisierung.

2 Beschreiben Sie anhand von Beispielen die einzelnen Kriterien des geographischen Stadtbegriffs.

3 Vergleichen Sie Ursachen der Verstädterung in Industrie- und Entwicklungsländern.

4 Nennen Sie wesentliche Strukturmerkmale der Stadt der Industriegesellschaft.

5 Erstellen Sie eine Liste von Merkmalen, die die City einer Großstadt kennzeichnen.

6 Nennen Sie Auslöser, Folgen und Probleme der Suburbanisierung.

7 Beschreiben Sie die funktionale Gliederung einer typischen deutschen Stadt der Gegenwart, indem Sie die Ziffern in dem Modell benennen.

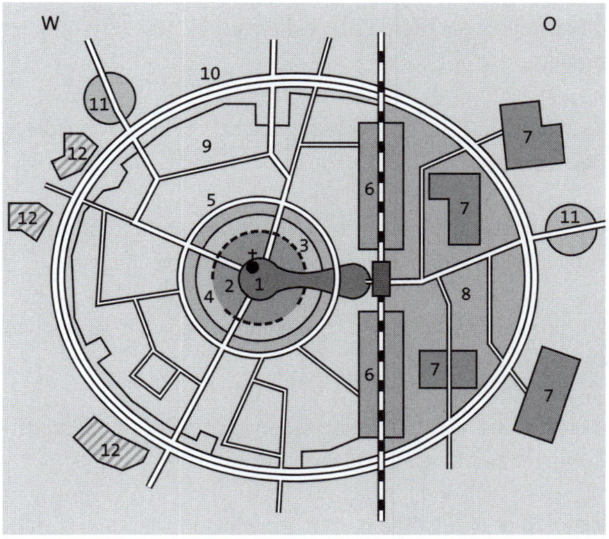

11 Funktionale Gliederung einer deutschen Stadt

8 Die Charta von Athen aus dem Jahre 1933 hatte einen wesentlichen Einfluss auf die Stadtentwicklung in Mitteleuropa in den folgenden Jahrzehnten. Nennen Sie Beispiele.

9 Unterscheiden Sie: Flächensanierung, erhaltende Stadterneuerung, Gentrifizierung.

10 Durch welche Maßnahmen versucht man das Konzept der nachhaltigen Stadtentwicklung zu verwirklichen? Kreuzen Sie die richtigen Antworten an.

- ○ städtebauliche Verdichtung,
- ○ funktionale Gliederung,
- ○ Verkehrstrennung,
- ○ dezentrale Konzentration,
- ○ Nachbarschaftsprinzip,
- ○ Flächensanierung.

11 Beschreiben Sie mithilfe der Modelle auf den Seiten 283 und 285 des Schülerbuches sowie der Karte auf Seite 286 charakteristische Merkmale der drei vorgestellten außereuropäischen Stadttypen.

Zu Kapitel 2.9 Globale Disparitäten – Leben in der „Einen Welt"

Siehe Schülerbuch „Fundamente" S. 300–333

1 „Entwicklungsländer" – ein fragwürdiger Begriff. Erläutern Sie.

2 Nennen Sie drei geeignete Indikatoren zur Messung des Entwicklungsmerkmals „Gesundheit".

3 BNE/Kopf oder HDI? Welcher Wert hat in einer Indikatorenanalyse mehr Aussagekraft?

4 Beurteilen Sie den Entwicklungsindikator „Energieverbrauch pro Kopf".

5 „Armut hat ein weibliches Gesicht." Erklären Sie diese Behauptung.

6 Nennen Sie wichtige Maßnahmen zur Produktionssteigerung der Landwirtschaft in den Entwicklungsländern.

7 Charakterisieren Sie das Strategiekonzept der ländlichen Regionalentwicklung.

8 Stellen Sie den Selbstverstärkungsprozess der Slumbildung in einer Kausalkette dar.

9 Bei den Großstädten der Entwicklungsländer spricht man oft von „Cities that came too soon". Erklären Sie den Ausspruch.

10 Bewerten Sie die Bedeutung des informellen Sektors für die Entwicklung eines LDC.

11 Einige Kritiker fordern eine Beendigung der entwicklungspolitischen Zusammenarbeit.
a) Nennen Sie die Entwicklungstheorie, die so argumentieren könnte.
b) Erörtern Sie die Forderung.

12 Bewerten Sie die Chancen einer erfolgreichen Teilhabe der Entwicklungsländer am Globalisierungsprozess.

Zu Kapitel 2.10 Ausgewählte Weltwirtschaftsräume im Globalisierungsprozess

Siehe Schülerbuch „Fundamente" S. 348–449, Kapitel 11

Die Weltwirtschaft im Globalisierungsprozess

1 Nennen Sie Voraussetzungen und Erscheinungsformen der Globalisierung.

2 Erläutern Sie den Ausdruck „regionale Asymmetrie des Welthandels".

3 Erklären Sie, warum die Aktivitäten von Global Playern in den Entwicklungsländern sehr umstritten sind.

4 Stellen Sie dar, welche der im Schülerbuch vorgebrachten kritischen Argumente gegen den Globalisierungsprozess in der Karikatur zum Ausdruck gebracht werden.

12

USA

5 Nennen Sie Gründe für den Aufstieg der USA zur führenden Wirtschaftsmacht in der Welt.

6 „Die Bedeutung der USA als führender Global Player lässt sich gut an ihrer Welthandelsposition erkennen." Belegen Sie diese Behauptung.

7 Die USA gilt als Prototyp einer nachindustriellen Gesellschaft. Belegen Sie dies.

8 Nennen Sie Merkmale, die New York als „Global City Nr. 1 in der Welt" kennzeichnen.

Europa

9 Nennen Sie die wichtigsten Etappen der europäischen Integration.

10 Erstellen Sie eine Liste naturräumlicher Gunst- und Ungunstfaktoren der wirtschaftlichen Entwicklung Europas.

11 „Die EU ist ein heterogener Wirtschaftsraum"! Nennen Sie Beispiele zur Stützung dieser Behauptung.

12 Charakterisieren Sie die Stellung der EU in der globalisierten Weltwirtschaft.

China

13 Nennen Sie Hemmnisse und natürliche Gunstfaktoren für die Teilhabe Chinas am Globalisierungsprozess.

14 In kurzer Zeit konnte sich China zu einer der führenden Wirtschaftsmächte der Welt entwickeln. Nennen Sie wesentliche Maßnahmen, die das Land dazu durchgeführt hat.

15 Beschreiben Sie Schattenseiten dieses rapiden Aufstiegs.

Japan

16 „Japan – Wirtschaftsmacht mit Raumproblemen". Erläutern Sie diesen Ausspruch.

17 Beschreiben Sie die Maßnahmen, die Japan in den 1980er-Jahren zu einem bedeutenden außenwirtschaftlichen Akteur werden ließen.

18 Die Position Japans im Globalisierungsprozess wird heute z. T. negativ bewertet. Nennen Sie Gründe für diese Einschätzung.

Südostasien

19 „Südostasien – ein äußerst heterogener Raum". Erläutern Sie diese Aussage.

20 Beschreiben Sie die unterschiedlichen Startpositionen der südostasiatischen Länder auf dem Weg ins Industriezeitalter.

21 Vergleichen Sie die entwicklungspolitischen Strategien Singapurs, Vietnams und Indonesiens.

Indien

22 „Indien, ein Subkontinent der Gegensätze". Erklären Sie diesen Ausspruch anhand von Beispielen.

23 „Der Elefant erwacht". So wird vielfach der schnelle wirtschaftliche Aufstieg Indiens umschrieben. Nennen Sie wichtige Maßnahmen und Konzepte, die dazu geführt haben.

24 Beschreiben Sie Schattenseiten des wirtschaftlichen Booms.

25 Indiens Rolle im Globalisierungsprozess wird oft mit dem Ausdruck umschrieben „Büro der Welt".
a) Erklären Sie den Ausdruck.
b) Nehmen Sie Stellung dazu.

Russland und Zentralasien

26 Beschreiben Sie die schwierige Ausgangssituation Russlands bei der Einbindung in den Weltmarkt zu Beginn des 21. Jahrhunderts.

27 „Russland, ein Global Player auf dem Weltmarkt." Diskutieren Sie.

28 Beschreiben Sie die unterschiedlichen Entwicklungschancen der zentralasiatischen Staaten im Globalisierungsprozess.

Lateinamerika

29 „Lateinamerika liegt im Schatten der weltweiten Waren- und Finanzströme". Erklären Sie diese Aussage.

30 Erläutern Sie die Auswirkungen des jahrhundertelangen „dependencia" auf die Wirtschaft der lateinamerikanischen Länder.

31 Beschreiben Sie an zwei ausgewählten Beispielen Strategien lateinamerikanischer Länder zu einer stärkeren Weltmarktintegration.

Subsahara-Afrika

32 „Schwarzafrika, der große Verlierer der Globalisierung". Erörtern Sie.

33 Nennen Sie mögliche Chancen der schwarzafrikanischen Länder für eine stärkere Einbindung in die Weltwirtschaft.

34 Beurteilen Sie Ruandas Weg zu diesem Ziel.

2.2 Lösungshinweise

Lösungshinweise zu Kapitel 2.1 Natürliche Voraussetzungen menschlichen Lebens auf der Erde

1 Kontinentalverschiebung: Theorie von Alfred Weber, nach der die Kontinente als Teile eines großen Urkontinents durch Westdrift und Polarflucht auseinanderdrifteten.
Plattentektonik: Theorie, nach der die Erdkruste und die obersten Partien des Erdmantels aus mehreren Platten bestehen, die auf der fließenden Unterlage des Erdmantels, der Asthenosphäre, bewegt werden.
Sea-floor-spreading: Auseinanderdriften von Platten am Mittelozeanischen Rücken, wobei sich neue ozeanische Kruste bildet.
Hotspot: ortsfester Aufschmelzungsbereich im Erdmantel unterhalb der Lithosphäre, von dem heißes Gestein zur Erdoberfläche aufsteigt.

2 Folgende drei Kräfte bewegen die Platten:
Konvektionsströme im oberen plastischen Erdmantel schleppen die Platten mit sich,
Platten rutschen von den Aufwölbungen des mittelozeanischen Rückens weg (Rückendruck),
Ozeanische Kruste sinkt durch ihr Eigengewicht in die Subduktionszone und zieht Platten mit sich (Plattenzug).

3 Die drei einzufügenden Begriffe sind: Mittelozeanischer Rücken, Tiefseegraben, Faltengebirge.

4 Troposphäre – Tropopause – Ozonschicht – Stratosphäre – Mesosphäre – Thermosphäre – Exosphäre.

5 Bodennahe Luftdruck- und Windgürtel

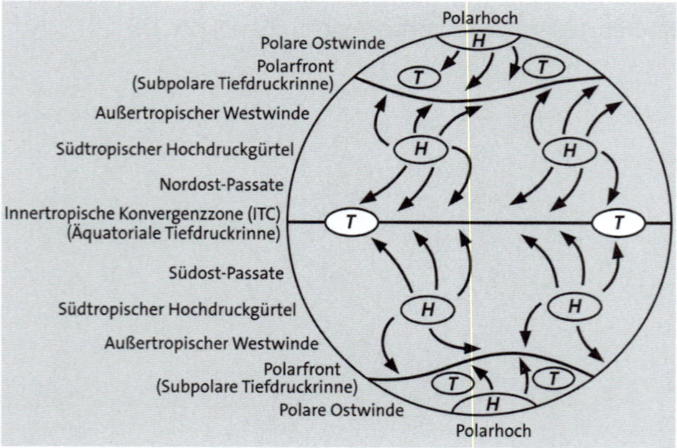

13

6 In der Nacht kühlt die Festlandsfläche (Küste) schneller ab als die Meeresfläche. Über dem Meer entwickelt sich eine aufwärts gerichtete Luftströmung, die durch die kühlere Luft vom Land ersetzt wird, dem Landwind.

7 Die von der Erdoberfläche abgegebene Wärmestrahlung kann nicht vollständig ins Weltall abgestrahlt werden, weil sie durch Wasserdampf und Kohlendioxid absorbiert und zur Erde zurückgestrahlt wird. Dadurch kommt es zu einer Erhöhung der Temperatur auf der Erde. Beim anthropogenen Treibhauseffekt wird die Rückstrahlung durch eine Erhöhung des Kohlendioxids und anderer Spurengase und damit die Temperaturerhöhung verstärkt.

8 Wasserkreislauf auf der Erde

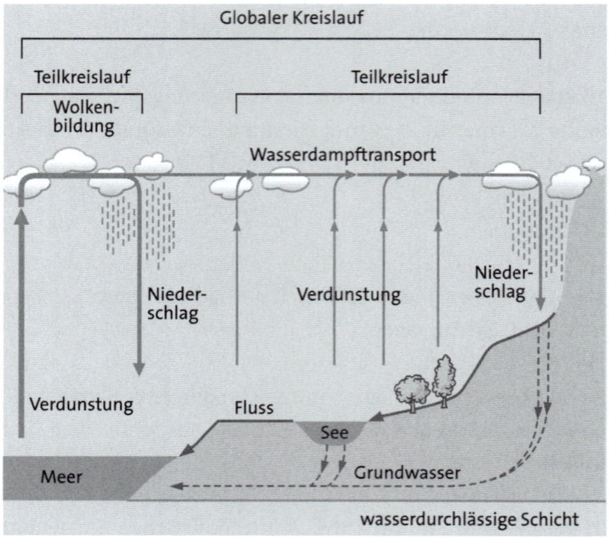

14

9 Fließgeschwindigkeit und Speichervermögen des Einzugsgebiets sind richtig.

10 Funktionen des Bodens:
Lebensraumfunktion: er ist die Grundlage des Lebens für alle biotischen Organismen,
Produktionsfunktion: er produziert Pflanzen und Rohstoffe,
Regulationsfunktion: er regelt die natürlichen Kreisläufe,
Filter- und Reinigungsfunktion: er reinigt Wasser und baut Schadstoffe ab,
Speicherfunktion: er speichert Nährstoffe,
Pufferfunktion: er reguliert den pH-Wert.

M 14 www.zwikau.de/images/wasserkreislauf.jpg, Zugriff 02/2014

11 Das anstehende Gestein wird durch die physikalische Verwitterung zerkleinert. Die chemische Verwitterung bewirkt einen weiteren Zerfall der Minerale. Es kommt zur Bildung von Tonmineralien, die die Nährstoffe binden und an die Pflanzen weitergeben.

12 Bodentyp: Böden mit gleichem oder ähnlichem Entwicklungszustand und damit gleichem Bodenprofil,
Bodenart: Klassifizierung von Böden nach der Korngrößenzusammensetzung.

13 Zuordnung von Bodentypen zu Landschaftszonen

Bodentyp	**Landschaftszone**
Ferrallitischer Boden	Immerfeuchtes Regenwaldklima
Podsol	Boreale Nadelwaldzone
Schwarzerde	Winterkalte Steppe
Terra Rossa	Sommertrockenes Mittelmeerklima

14 Immerfeuchtes tropisches Regenwaldklima, wechselfeuchtes Feuchtsavannen-, Trockensavannen- und Dornsavannenklima, Halbwüsten- und Wüstenklima, mediterranes Winterregenklima.

Lösungshinweise zu Kapitel 2.2 Geoökosysteme

1 Geoökosystem: ein aus dem Zusammenwirken der Geofaktoren sich ergebendes System,
Geosphäre: Landschaftsraum der Erdoberfläche mit seinen Funktionsbeziehungen zur Atmosphäre, Lithosphäre und Hydrosphäre,
Geofaktor: naturgeographische Gegebenheiten, die das Aussehen einer Landschaft bestimmen, z.B. Boden, Relief, Vegetation,
Geoelement: Einzelbestandteile der Geofaktoren, z.B. Höhe und Neigung beim Relief.

2 Merkmale eines Geoökosystems: Zwischen den einzelnen Komponenten bestehen Wechselbeziehungen, das Geoökosystem ist offen nach außen, d.h. es steht im Austausch mit anderen Systemen, es ist dynamisch, d.h. es strebt ein Gleichgewicht an, es hat die Fähigkeit, sich selbst zu regulieren.

3 Kennzeichen: warme trockene Sommer, milde feuchte Winter, Jahres-Temperaturamplitude ca. 15 °C;
die Station ist typisch für die subtropischen Winterregengebiete (Mittelmeerklima).

4 Klimatische Kennzeichen des Geoökosystems Sahelzone.
- Wechsel von arider und humider Jahreszeit,
- hohe Variabilität der Niederschläge,
- Dürreanfälligkeit,
- starke Winde.

5 In Anlehnung an die Medizin werden mit dem Begriff „Syndrom" Umweltschäden als Krankheitsbilder gesehen, zu deren Ursachen natürliche und gesellschaftliche Faktoren zählen. Im Falle der Desertifikation in der Sahelzone sind dies u.a.: hohe Variabilität der Niederschläge mit Dürreperioden, starke Winde, leicht erodierbare Böden, lockere natürliche Vegetation, starker Druck auf die Ressourcen Boden und Wasser infolge Bevölkerungswachstum, Vergrößerung der Anbauflächen und der Viehherden, Brennholzeinschlag, Absinken des Grundwasserspiegels durch Anlage von Tiefbrunnen, Aufgabe traditioneller Anbausysteme.

6 Das Klima mit seinen hohen Temperaturen und Niederschlägen begünstigt ein üppiges Pflanzenwachstum. Der Boden mit seiner eingeschränkten Kationenaustauschkapazität ist hingegen der limitierende Faktor des Pflanzenwachstums. Es ist also nicht korrekt von einer generellen ökologischen Benachteiligung der Immerfeuchten Tropen zu sprechen.

7 Merkmale des Ecofarming: waldähnlicher Aufbau der Kulturpflanzen, Mischkulturen, nur organischer Dünger, Verzicht auf zugekaufte Produktionsmittel, traditionelle Anbaumethoden.

8 Funktion von Bäumen in der Agroforstwirtschaft

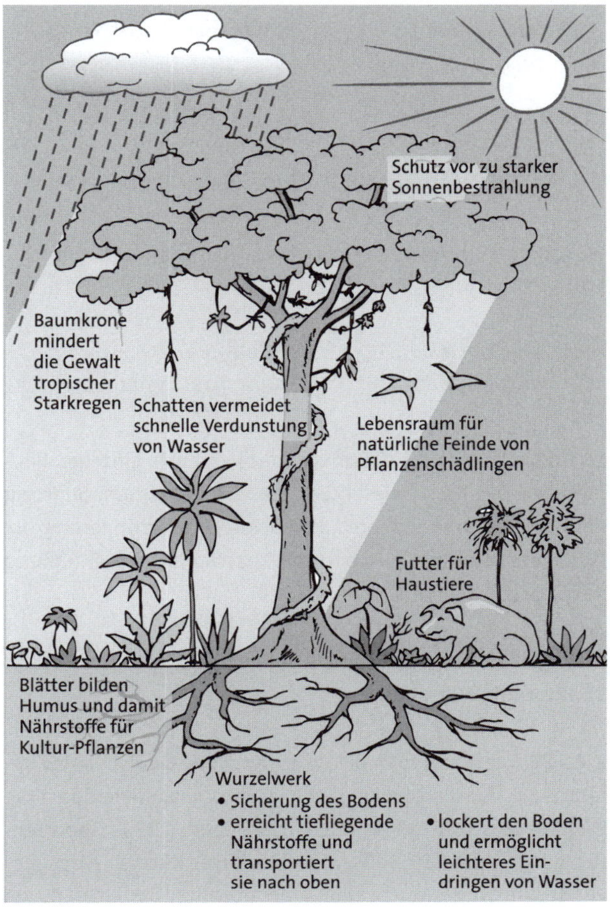

15

M15 Nach Misereor: Arbeitshefte, Kamerun. Aachen: Bischöfliches Hilfswerk Misereor 1988, S. 54

9 Folgen der globalen Erwärmung für das Geoökosystem Arktis: Verschiebung der Permafrostgrenze nach Norden, dadurch Freisetzen des im Boden gespeicherten Methan, Abnahme des Salzgehalts des Wassers infolge von Süßwasserzufuhr vom schmelzenden Eis, Unterdrückung der atlantischen Tiefenwasserbildung, Erhöhung der Wärmeabgabe vom Meerwasser.

10 Die Verdunstung des Meerwassers bringt Wasserdampf in die Atmosphäre und ist damit die Voraussetzung für Niederschläge. Die Meeresströmungen bewirken einen entscheidenden Wärmetransport über große Entfernungen und beeinflussen damit das regionale Klima (vgl. Golfstrom). Zudem speichern die Meere Kohlenstoff und sind somit indirekt klimawirksam.

11 Folgen der Flussbegradigung: Absinken des Grundwasserspiegels, Absterben von Pflanzen bzw. Veränderung der Pflanzengesellschaften, Verlust von Überflutungs- und Aueflächen, verstärkte Tiefen- und Seitenerosion infolge höherer Fließgeschwindigkeit, Verdrängung von artenspezifischen Tieren aus der Auenlandschaft.

12 In beiden Ökosystemen gibt es Stoffumsetzungsprozesse, Sauerstoffaufnahme, Energie- und Wasserzufuhr von außen.

städt. Ökosystem	**naturnahes Ökosystem**
fossile oder Kernenergie	Sonnenenergie
Abgabe von Abfällen, Abwasser, Kohlendioxid	es gibt keine Abfälle (Kreislaufsystem)
Zufuhr von Rohstoffen	produzierte Biomasse bleibt im System
Konsumenten (Menschen) erhalten Nahrung von außen	Konsumenten werden durch Produzenten **im** System ernährt
Konsumenten (Menschen) steuern das System	Produzenten (Pflanzen) steuern das System

13 Durch Parks und Grünflächen, aber auch einzelne Bäume kann das Klima wesentlich verbessert werden: Senkung der Temperaturen, höhere Luftfeuchtigkeit, Verringerung der Windgeschwindigkeit, Abbau von Luftschadstoffen, Erhöhung des Sauerstoffgehalts.

Lösungshinweise zu Kapitel 2.3 Bevölkerung – Wachstum, Struktur und Migration

1 Als Beispiel kann man die Alterspyramide Deutschlands heranziehen (Schülerbuch Kap. 3.2): Geburtenausfälle durch die Weltkriege sowie die Wirtschaftskrise um 1932, Geburtenrückgänge nach 1970 (Pillenknick), starker Rückgang der jüngeren Jahrgänge, wachsende Überalterung; Deutschland ist ein schrumpfendes Volk.

2 Faktoren des Bevölkerungswachstums: generatives Verhalten (Geburtenrate, Fertilitätsrate), Sterberate, Saldo aus Zu- und Abwanderung.

3 Demographischer Übergang: Modellvorstellung der Veränderung der Bevölkerung von der vorindustriellen Phase bis zur Postindustriellen Phase mit jeweils unterschiedlichen Geburten- und Sterberate und damit unterschiedlichem natürlichem Wachstum,
Demographische Dividende: Der Ausdruck besagt, dass in einem hohen Anteil von Personen im erwerbstätigen Alter eine Chance (Dividende) liegt, da die Kosten für die nicht erwerbstätige Bevölkerung relativ sinkt.

4 Phasen des demographischen Übergangs:
Phase I (Vorbereitung) – hohe Geburten- und Sterberaten, langsames Bevölkerungswachstum,
Phase II (Einleitung) – Sterberate sinkt, Geburtenrate bleibt hoch, beschleunigtes Wachstum,
Phase III (Umschwung) – Geburtenrate sinkt stärker als Sterberate, starkes Bevölkerungswachstum,
Phase IV (Einlenken) – Geburtenrate nähert sich dem niedrigen Niveau der Sterberate, Wachstumstempo geht zurück,
Phase V (Ausklingen) – Geburten- und Sterberate haben sich auf einem niedrigen Niveau eingependelt, Bevölkerung stagniert,
Phase VI (Umkehr) – Sterberate ist höher als die Geburtenrate, Bevölkerung schrumpft.

5 Länderzuordnung in das Modell des demographischen Übergangs:
Afghanistan: Übergang von Phase 1 zu Phase 2,
Bangladesch: Übergang von Phase 2 zu Phase 3,
Belgien: Phase 4,
Ungarn: Phase 5.

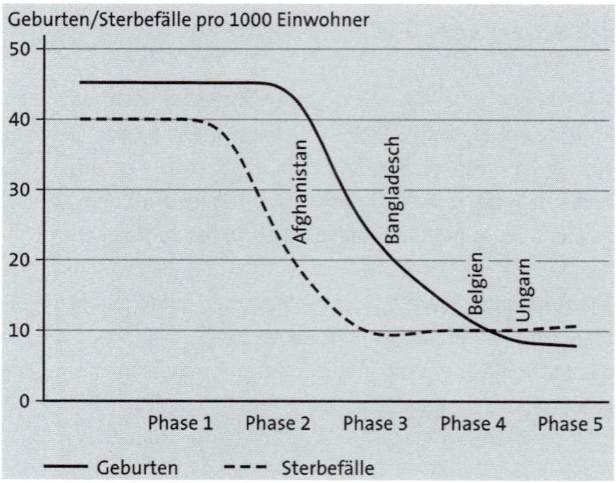

16

6 Die Sterberate wird an der Gesamtzahl der Bevölkerung gemessen; sie ist in Deutschland aufgrund der Überalterung besonders hoch.

7 Mögliche Folgen der Überalterung:
- künftig fehlendes Arbeitskräfteangebot,
- ungesicherte Altersversorgung,
- Erhöhung der sozialen Kosten,
- starke Belastung der Kranken- und Rentenkassen,
- Änderung der Nachfragestruktur und damit erhöhte Belastungen im Bereich z. B. der Infrastruktur (Krankenhäuser, Pflegeheime u. a. m.),
- Veränderung des Sozialklimas,
- Auswirkungen auf die „Vitalität" und „Flexibilität" der Gesellschaft.

8 Vorteile einer Zuwanderung, die mit Erwerbstätigkeit verbunden sind: Nachfrage und Produktion werden erhöht, Beitrag zur Finanzierung der Sozialsysteme, bei Firmengründungen werden Arbeitsplätze geschaffen, Deckung des Bedarfs an Arbeitskräften unterschiedlicher Qualifikation, Verjüngung der Bevölkerung.

9 Generell ist zwischen freiwilliger und erzwungener Migration zu unterscheiden. Die Unterscheidung ist in der Praxis aber mitunter schwer. Bei der freiwilligen Migration suchen die Migranten in der Regel eine neue Heimat, z. B. europäische Auswanderer in den USA oder in den Kolonien, oder besonders Qualifizierte wandern zu Großbaustellen im Ausland, weil sie dort als Fachkräfte benötigt werden. Ursachen der erzwungenen Migration sind der folgenden Abbildung zu entnehmen.

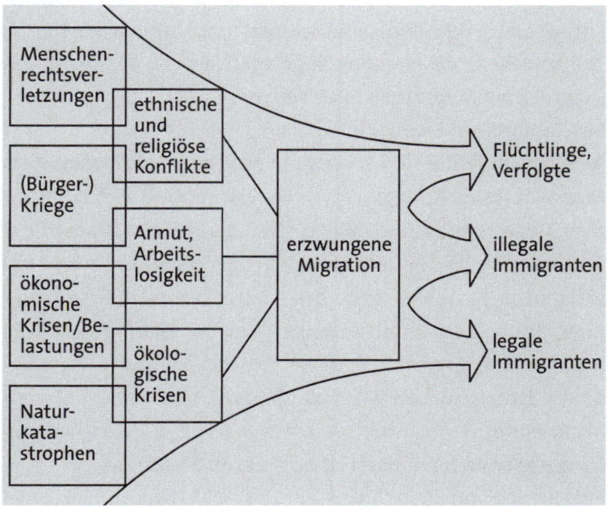

17 **Erzwungene Migration**

10 Mobilität: Bereitschaft/Fähigkeit zur Migration,
Migration: jede Art von Wanderungsbewegung,
Landflucht: Abwanderung vom Land in die Städte,
Urbanisierung: Prozess zunehmender Bevölkerungsverdichtung in städtischen Gebieten, im engeren Sinne: Übernahme städtischer Lebensformen in ländlichen Räumen,
Suburbanisierung: Wanderung aus der Kernstadt an den Stadtrand bzw. ins Umland.

Lösungshinweise zu Kapitel 2.4 Landwirtschaft

1 Tragfähigkeit ist als ein Modell zu verstehen. Sie gibt die maximale Zahl von Menschen an, die von der Agrarproduktion der Erde ernährt werden und somit auf der Erde leben können. Bei der Berechnung beschränkt sie sich auf ökologische Bedingungen. Ausgeklammert werden u. a. Schwankungen der Umweltbedingungen, politische und wirtschaftliche Entscheidungen sowie soziale Veränderungen. Böden werden immer mehr durch andere Nutzungen in Anspruch genommen.

2 Vereinfachte Aussage, die von der Tatsache ausgeht, dass auf der Welt gegenwärtig genügend Nahrungsmittel erzeugt werden, um die gesamte Menschheit ausreichend mit Nahrungsmitteln zu versorgen. In Wirklichkeit ist das Problem der Welternährung viel komplizierter. Dass viele Menschen hungern, hängt auch von Geld- und Transportproblemen ab, von Kriegen und politischen Entscheidungen sowie von den ökologischen Bedingungen vor Ort (z. B. wachsende Knappheit bei den Produktionsfaktoren Boden und Wasser).

3 Der Begriff „Grafik" ist hier bewusst offen gewählt, um den Schülerinnen und Schülern die Möglichkeit zu geben, die Darstellungsform selbst zu wählen, z. B. ein Wirkungsgeflecht, ein Diagramm, eine Karikatur, eine Wandzeitung.

4 Einflussfaktoren auf die agrarische Produktion:
Klima, Böden, technische Entwicklungen, Betriebsformen, Marktveränderungen, politische Entscheidungen.

5 general farming: Landwirtschaft im Mischbetrieb,
extensive Viehzucht: Viehzucht, die sich durch die starke Nutzung des Produktionsfaktors Land und die schwache Nutzung der anderen Produktionsfaktoren je Produktionseinheit auszeichnet,
intensive Viehzucht: Gegenteil von extensiver Viehzucht,
feedlot: großflächige Einrichtung zum Mästen von Schlachtvieh, besonders von Rindern,
food crops: agrarische Produkte, die für den eigenen Bedarf angebaut werden,
cash crops: agrarische Produkte, die für den Verkauf angebaut werden,
landgrabbing: Aneignung von Land durch wirtschaftsstarke Akteure, z. B. Großkonzerne aus den Ausland, oft mit halbkriminellen Mitteln.

6 Erscheinungsformen der industrialisierten Landwirtschaft: große spezialisierte Betriebe, hoher Einsatz von Maschinen und Kapital, konsequente Nutzung der Agrartechnologie, verzweigtes Produktionssystem, das verschiedene Stufen vom Rohstofflieferanten über die weiterverarbeitende Industrie bis zum Endverbraucher einschließt.

M 17 Ulrich Brameier: Migration – Menschen verlassen ihre Heimat. In: Praxis Geographie, 27. Jg. 1997, H. 2, S. 8

7 Die Grafik dokumentiert die tief greifenden Veränderungen in der deutschen Landwirtschaft seit Beginn der 1950er-Jahre. Dramatisch ist der Rückgang der Betriebe von fast 1,8 Mio. auf unter 300 000. Auch die landwirtschaftlich genutzte Fläche hat abgenommen, sowohl in der alten Bundesrepublik als auch im wiedervereinigten Deutschland, allerdings nicht in dem Maße wie die Zahl der Betriebe. Die Konsequenz ist die Vergrößerung der landwirtschaftlichen Betriebseinheiten – auch ein Ausdruck der Industrialisierung der Landwirtschaft. Der Begriff Strukturwandel beinhaltet also nicht nur die Entwicklung der Zahl der Betriebe und der Größe der LNF, sondern auch den damit einhergehenden Prozess der Industrialisierung.

8 Ökologische Probleme beim Agrobusiness: Beeinträchtigung von Böden und Wasser durch Schadstoffeintrag infolge übermäßigen Einsatzes von Dünger und Herbiziden, Bodenverdichtung durch den Einsatz schwerer Geräte, Verlust der Artenvielfalt infolge des großflächigen Anbaus in Monokulturen, Erosionsgefahr bei Monokulturen.

9 konventionelle Landwirtschaft:
- geringer Arbeitskräftebedarf,
- hohe Hektar-, Milch- und Fleischerträge,
- starker Einsatz von Pflanzenschutzmitteln,
- geringe Produktvielfalt infolge Spezialisierung,
- günstige Preise.

ökologische Landwirtschaft:
- hoher Arbeitskräfteeinsatz,
- geringere Hektar-, Milch- und Fleischerträge,
- niedrige Umweltbelastungen,
- höhere Preise.

10 Die Problematik einer nachhaltigen Landwirtschaft ergibt sich schon aus ihrer Zielsetzung, z. B.: Verzicht auf künstliche Düngung, überschaubare Betriebsgrößen, Verzicht auf Massentierhaltung, Mischbetriebscharakter, kaum Einsatz von Herbiziden und Pestiziden. Angesichts dieser Ziele und der Tatsache einer vergleichsweise teuren Produktion besteht die Frage, ob eine nachhaltige Landwirtschaft mit der konventionellen Landwirtschaft konkurrieren kann. Letztendlich hängt es von den Verbrauchern ab, d. h. ob sie willens sind die höheren Preise zu zahlen.

11 Hauptziele der GAP:
- rentable Nahrungsmittelerzeugung,
- nachhaltige Bewirtschaftungsmethoden,
- Existenzsicherung landwirtschaftlicher Betriebe,
- ausgewogene räumliche Entwicklung in den ländlichen Regionen Europas.

Lösungshinweise zu Kapitel 2.5 Ressourcen und ihre Nutzung

1 Ressourcen: natürliche Produktionsmittel für die Wirtschaft, also Rohstoffe, Wasser, Energie usw. Im engeren Sinne die Rohstoffvorkommen, die zusätzlich zu den Reserven weitgehend bekannt, aber noch nicht abbauwürdig sind.
Reserven: Die bekannten Rohstoffvorkommen, deren Abbau unter aktuellen technischen und wirtschaftlichen Bedingungen mit Gewinn möglich sind.

2 Die Rentabilität und Abbauwürdigkeit eines Rohstoffes ist von mehreren Faktoren abhängig, vor allem von:
- Art des Rohstoffes,
- Bedeutung auf dem Weltmarkt,
- Erschließungs- und Produktionskosten,
- Entwicklung der Marktpreise,
- Rentabilität der Lagerstätte,
- Mögliche Umweltschäden.

3 Entstehung von Eisenerz:
Zu unterscheiden ist die primäre und die sekundäre Lagerstättenbildung. Primäre Lagerstätten entstehen mit dem Eindringen von glutflüssigen Gesteinsschmelzen aus dem oberen Erdmantel in die Erdkruste. Beim Aufstieg kühlt sich der Magmakörper ab, die Mineralien kristallisieren aus und lagern sich ab.
Wenn die primären Lagerstätten durch Hebung an die Oberfläche gelangen, unterliegen sie der Abtragung und Verwitterung. Die erzhaltigen Mineralkörner werden sodann durch Flüsse und Bäche weggeschwemmt und bei nachlassender Transportkraft des Wassers abgelagert. Solche sedimentären Lagerstätten nennt man auch Seifen.
Entstehung von Erdöl:
Ausgangsmaterial sind Kleinstlebewesen, die als Plankton im Meerwasser vorkommen. Nach dem Absterben sinken sie auf den Meeresboden und bilden dort bei Sauerstoffabschluss Faulschlamm. Unter der Last des in der Folgezeit darüber abgelagerten Materials geht der Faulschlamm in Tonschiefer über, das so genannte Muttergestein. Die Bildung von Erdöl aus dem Muttergestein erfolgt sehr langsam und in verschiedenen Stufen, vor allem Aufspaltung des organischen Materials in einfache organische Verbindungen und Wiederanlagerung dieser Verbindungen zu komplexen Molekülen.
Entstehung von Steinkohle:
Ausgangsmaterial ist Pflanzenmaterial, das sich nach dem Absterben z. B. in Sümpfen ablagert. Unter Sauerstoffabschluss, bei gleichzeitig hohen Temperaturen und hohem Druck infolge von Sedimentüberschüttung, findet ein chemischer Umwandlungsprozess statt, bei dem es zur Anreicherung von Kohlenstoff kommt. Die mit der Tiefe wachsenden Temperatur- und Druckverhältnisse lassen mehrere Kohlearten entstehen, die sich jeweils durch einen unterschiedlichen Kohlenstoffgehalt unterscheiden, z. B. Braunkohle, Anthrazit, Fettkohle, Gaskohle, Flammkohle.

4 Bei der Erzeugung von Primäraluminium fallen sehr hohe Energiekosten an. Bei der Erzeugung von Sekundäraluminium betragen sie nur ein Zehntel der Kosten, die bei der Primärproduktion anfallen. Dies erklärt die bei der Aluminiumproduktion außerordentlich hohen Recyclingraten z. B. in Deutschland. Dabei wird Aluminiumschrott verwendet, der, falls er sortenrein gesammelt wurde, vollständig und ohne Qualitätsverlust wieder eingeschmolzen werden kann. Dies geschieht mehrmals, d. h. der Rohstoff Aluminium gelangt über den Lebenszyklus eines Fertigproduktes hinaus wieder vollständig in den Produktionsprozess zurück.

5 Braunkohle ist in Deutschland der wichtigste Energieträger mit einem Anteil an der gesamten Primärenergiegewinnung von 38,4 %, gefolgt von den erneuerbaren Energien mit immerhin 36,2 %. Führend ist sie auch bei der Brutto-Stromerzeugung mit 25,7 %. Auch hier rangieren die erneuerbaren Energien auf dem zweiten Platz mit 22,1 %. Etwas anders ist die Situation beim Primärenergieverbrauch. Der Beitrag der Braunkohle belief sich auf nur 12,1 %. An erster Stelle steht hier Mineralöl mit 33,1 (Kraftfahrzeugverkehr), gefolgt von Erdgas (Heizenergie in Haushalten und Energieerzeugung in Kraftwerken). Erstaunlich ist die relativ geringe Bedeutung der Steinkohle bei der Primärenergiegewinnung und beim Primärenergieverbrauch. Einer der größten Abnehmer sind hier die Steinkohlenkraftwerke. Während die gesamte heimische Braunkohle vor Ort in Kraftwerken verfeuert wird, stammt nur ein vergleichsweise geringer Teil der in bundesdeutschen Kraftwerken eingesetzten Steinkohle aus Bergwerken in Deutschland.

6 Die Notwendigkeit einer veränderten Energiewirtschaft (weg von fossilen Energieträgern, Abkehr von der Atomenergie, Hinwendung zu erneuerbaren Energien ergibt sich zum einen aus Umweltgründen (fossile Energieträger) und zum anderen aus Sicherheitserwägungen (Atomenergie). Von sekundärer Bedeutung ist die Frage der voraussehbaren Erschöpfung der natürlichen Ressourcen Erdöl und Erdgas.

7 Die Nutzung erneuerbarer Energien ist klimafreundlich, sicher sowie umwelt- und ressourcenschonend. In den letzten Jahren wurden erneuerbare Energien in Deutschland verstärkt gewonnen und ausgebaut und damit zu einem bedeutenden Wirtschaftsfaktor. Das sorgt für mehr Unabhängigkeit von Energieimporten und damit für mehr Versorgungssicherheit. Zudem wird die heimische Wirtschaft gestärkt, z. B. durch die Schaffung von Arbeitsplätzen in dieser Branche.

8 Neben dem anhaltenden Bevölkerungswachstum ist als weitere wesentliche Ursache der steigende Pro-Kopf-Verbrauch zu nennen. Zur Steigerung der Nahrungsmittelproduktion werden Bewässerungsflächen ausgeweitet – mit der Folge, dass die Landwirtschaft weltweit der größte Wasserverbraucher ist bzw. bleibt. Hinzu kommen der verschwenderische und sorglose Umgang mit der Ressource Wasser und große Verluste durch marode Wasserleitungen. Verschärft wird die Wasserkrise in einzelnen Regionen durch die extrem ungleiche Verteilung der Vorräte auf der Erde.

9 Schädigende Eingriffe in den globalen Wasserkreislauf:
- Kontamination von Grundwasser durch industrielle oder agrochemische Emissionen,
- übermäßige Entnahme von Wasser aus Fließgewässern, besonders in ariden und semiariden Räumen,
- Reduktion von Wasserrückflüssen durch große Staudammbauten und damit einhergehend erhöhte Verdunstungsraten,
- durch Bodenversiegelung verstärkter Oberflächenabfluss und Zunahme der Erosions- und Hochwassergefahr bei gleichzeitiger Beeinträchtigung der Grundwassererneuerung.

10 Beispiele für die vier Konfliktebenen
soziale Konfliktebene: Umsiedlungen bzw. Vertreibungen infolge von Großprojekten, Gesundheitsgefährdung durch verschmutztes Wasser, Verschlechterung der Ernährungsgrundlage durch Wasserknappheit,
ökonomische Konfliktebene: steigender Wasserpreis, existenzielle Bedrohung von Bauern durch Wasserknappheit, Probleme bei der Energieproduktion infolge Wasserknappheit,
politische Konfliktebene: Konflikte sowohl auf binnenstaatlicher als auch auf länderübergreifender Ebene,
ökologische Konfliktebene: Wasserverschmutzung, Bodenversalzung, Veränderung von Flora und Fauna, Überschwemmungen, Dürren.

11 Lösungsansätze sind den Materialien auf Seite 177 im Schülerbuch zu entnehmen. Eine wichtige Voraussetzung sind gesetzliche Regelungen zur Wasserentnahme und zur Wasserbelastung. Dabei ist darauf zu achten, dass die regional-ökologischen Verhältnisse ausreichend berücksichtigt werden.

Lösungshinweise zu Kapitel 2.6 Industrie und Dienstleistungen

1 Handwerk: Gewerbliche Organisationsform, bei dem die Handarbeit das dominierende Kennzeichen ist. Es erfolgt in der Regel keine Massenproduktion, sondern eine Herstellung oder Leistung auf Bestellung. Meist handelt es sich um Kleinbetriebe.
Hausindustrie: arbeitsteilige Herstellung von Produkten in den Wohnungen von Heimarbeitern im Auftrag und auf Rechnung eines Industrieunternehmers.
Manufaktur: Vorform der industriellen Fertigung vorwiegend auf manueller Basis. Manufakturen produzieren wie die Industrie schon im großen Umfang, aber mit geringem Maschineneinsatz.

Industrie: Kennzeichen der Industrie im Gegensatz zu den oben genannten Organisationsformen sind die arbeitsteilige maschinelle Produktion, der hohe Grad der Mechanisierung und die Massenproduktion auf Vorrat (also nicht auf Bestellung) und für einen überregionalen Markt.

2 Diese Aufgabe eignet sich gut für ein Referat. Stichpunkte für die Bearbeitung: England gilt als das „Mutterland" der Industrie. Wegbereiter war die Textilindustrie, wo der Wandel der Hausindustrie und der Manufaktur zur Industrie bereits im 18. Jh. einsetzte. Wichtige Rohstoffe (Baumwolle) kamen aus den Kolonien. Die stark wachsende Bevölkerung schuf eine große Nachfrage nach Textilien, die auch zu einem wichtigen Exportprodukt wurden. Wichtig für den frühen Aufstieg waren Erfindungen wie der vollmechanische Webstuhl durch Cartwright sowie die Dampfmaschine zum Antrieb der Webstühle durch Watt. Außerdem waren die Standortfaktoren für die industrielle Produktion in England sehr günstig, z. B. Steinkohlevorkommen.

3 Harte Standortfaktoren: messbare/objektive Kostenvorteile bei der Produktion, wie Preise für Rohstoffe, Verkehrslage, Angebot an Arbeitskräften, Nähe zum Absatzmarkt.
Weiche Standortfaktoren: nicht messbare/subjektive Kostenvorteile bei der Produktion, wie Image eines Ortes, dessen Wohn- und Freizeitwert oder die Arbeitseinstellung und die Leistungsbereitschaft der Mitarbeiter.

4 Produktlebenszyklus und Standortfaktoren

Verlauf des Produktlebenszyklus

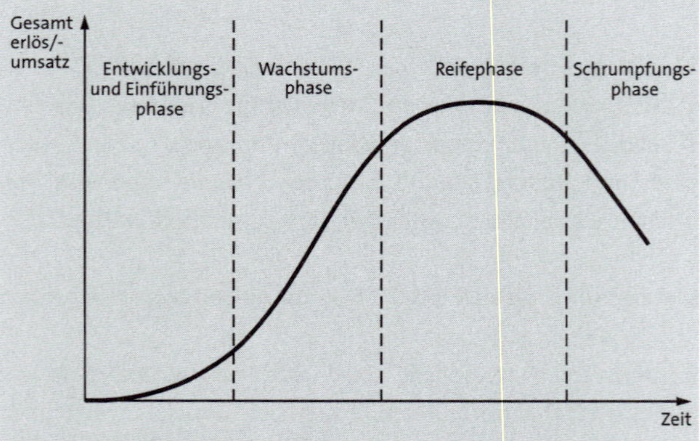

Veränderung der Standortanforderungen

qualifizierte Arbeitskräfte	++	+	o	o
hochwertige Infrastruktur	++	+	o	o
Agglomerationsvorteile (Zulieferer, Dienste)	+	++	o	o
Marktnähe	+	++	+	o
billige Arbeitskräfte	o	o	++	++
niedrige Standortkosten (Betriebsgelände, Abgaben)	o	o	++	++

18

5 War die Schwerindustrie anfänglich an den Ort der Steinkohlevorkommen gebunden (hoher Bedarf für die Reduktion des Erzes im Hochofen), verlagerte sie sich mit dem Einsatz preiswerter Importkohle an Standorte in günstiger Verkehrslage (Küsten, Flusshäfen). In dem Maße, wie in den Eisen- und Stahlwerken aufbereitetes und hochwertiges Erz Verwendung fand, kam es zu einer Verlagerung der Eisen- und Stahlwerke in Länder mit großen Erzvorkommen.

6 Die Theorie der langen Wellen dient der Erklärung zyklischer Wirtschaftsentwicklungen. Am Anfang stehen technische Innovationen, die einen Aufschwung hervorrufen, da massenhaft in die neue Technik investiert wird. Hat sich die Innovation durchgesetzt, werden die Investitionen zurückgefahren und es kommt zu einem Abschwung. In der Zeit des Abschwungs wird aber bereits wieder an neuen Investitionen gearbeitet, die die nächste „Welle der Konjunktur" einleiten.

7 Fordismus: System der industriellen Produktion mit folgenden Merkmalen: Massenproduktion, hohes Maß an Standardisierung, große Fertigungstiefe, vertikale Integration, Produktion für den Massenkonsum,
Postfordismus: System der industriellen Produktion, das den Fordismus abgelöst hat, Kennzeichen: flexible Produktion, verstärkter Einsatz neuer Technologien, reduzierte Fertigungstiefe, individuelle Produktionsgestaltung, Gruppenarbeit,
Just-in-time-Produktion: industrielle Produktion, bei der die Zulieferung von Waren und Halbfertigprodukten erst exakt zum Zeitpunkt des Bedarfs erfolgt,
Lean Production: Verkürzung und Vereinfachung von Produktionsabläufen zur Kostensenkung und rascheren Reaktion auf Kundenwünsche.

8 In einem Cluster arbeiten mehrere selbstständige Unternehmen in einem bestimmten Wirtschaftszweig zusammen. Wichtig sind die räumliche Nähe der einzelnen Unternehmen und die Kooperation mit anderen Institutionen, z. B. der Wissenschaft.

9 Ursachen der Tertiärisierung:
- durch den Einsatz moderner Technologien werden in der Landwirtschaft und Industrie Arbeitskräfte freigesetzt, die in den Tertiären Sektor verlagert werden,
- der wachsende Anteil älterer Menschen in unserer Gesellschaft fördert die verstärkte Nachfrage nach Dienstleistungen,
- Anstieg der Reallöhne erhöht die Nachfrage nach Dienstleistungen,
- mit wachsender Freizeit (verkürzte Arbeitszeit) steigt die Nachfrage in den Bereichen Kultur, Sport, Unterhaltung, Erholung,

M 18 Nach Elmar Kulke. Grundriß Allgemeine Geographie. Wirtschaftsgeographie. Paderborn: Schöningh 2008, S. 96, UTB

- steigender Bedarf an Transport- und Kommunikationsdiensten in der Industrie,
- verstärkte Nachfrage der Industrie nach fremden Diensten als Folge von Outsourcing,
- vermehrte Nachfrage nach Reparatur- und Wartungsdiensten bei technisch komplizierten Produkten.

10 Gunstfaktoren: zentrale Lage, ausgezeichnete Verkehrsinfrastruktur, Konzentration von hochrangigen tertiären Einrichtungen (Agglomerationsvorteile), gesunde überkommene Industrie- und Gewerbestruktur, hohe Bevölkerungsdichte (Arbeitskräftepotenzial, große Zahl von Abnehmern), Impulse durch Nähe zu Universitäten und FuE-Einrichtungen,
mögliche Probleme: starke Flächennutzungskonkurrenz (hohe Boden- und Mietpreise, Verdrängungseffekte), Verkehrsprobleme, starke Umweltbelastungen, Kapazitätsengpässe im Verkehrssektor.

11 Beispiele für die Bedeutung des Tourismus für periphere Räume:
- Ausbau der Infrastruktur und damit verbesserter Anschluss an die Wachstumsregionen,
- dadurch Abbau von Entwicklungsnachteilen und
- verbesserter Transfer von modernen Technologien und Wirtschaftsmethoden,
- Schaffung von Arbeitsplätzen,
- Generierung höherer Einkommen.

12 Beispiele für Maßnahmen zur Verwirklichung eines nachhaltigen Tourismus:
- schonende Flächennutzung, z.B. beim Bau von Freizeiteinrichtungen,
- Begünstigung umweltschonender Verkehrssysteme,
- Öffentlichkeitsarbeit,
- integrative Konzepte der Landschaftspflege,
- Beachtung schutzwürdiger Landschaftsteile,
- Nutzung endogener Potenziale, z.B. lokale Materialien,
- Erhalt bzw. Schaffung regionaler Wirtschaftskreisläufe,
- Information der heimischen Bevölkerung und der Touristen im Hinblick auf Umweltschutz,
- Förderung von Klein- und Mittelbetrieben, z.B. im Handwerk und Dienstleistungsbereich,
- Vernetzung mit Angeboten der Nachbarorte,
- Nutzung der touristischen Einkünfte zur Finanzierung geeigneter Infrastruktureinrichtungen,
- Partizipation der heimischen Bevölkerung an Entscheidungen,
- Förderung kultureller Eigenständigkeit.

13 Die ersten drei Aussagen sind falsch.
Frühe Formen des Tourismus sind z.B. der Religionstourismus (Fahrten zu Pilgerstätten), der Bildungstourismus im 18. und 19. Jahrhundert.
Der Satz beschränkt sich auf den Außentourismus und berücksichtigt nicht den in Deutschland besonders wichtigen Binnentourismus.
Die Umwelteinwirkungen des Tourismus sind z.T. gravierend, wie die Ausführungen im Schülerbuch belegen.
Die letzte Aussage ist richtig. Beispiele für die Auswirkungen des Klimawandels auf den Tourismus:
Schneesicherheit infolge Klimaerwärmung, Auftreten von Extremereignissen (Hochwasser, Taifune, Erdbeben etc.), eingeschränktes Wasserangebot aufgrund geringerer Niederschläge (Bewässerung von Golfplätzen, Beschneiungsanlagen).

Lösungshinweise zu Kapitel 2.7 Raumordnung

1 Die Notwendigkeit einer Raumordnung ergibt sich vor allem aus dem steigenden Flächenverbrauch und der Flächennutzungskonkurrenz, aber auch aus wirtschaftlichen und ökologischen Gründen sowie aus der Forderung nach einem nachhaltigen Umgang mit den zur Verfügung stehenden Ressourcen.

2 Die Sozialstaatsklausel des Grundgesetzes verpflichtet unseren Staat auf die „Herstellung gleichwertiger Lebensverhältnisse“ in allen Teilräumen der Bundesrepublik. Dazu gehören u.a.:
- die Erreichbarkeit eines differenzierten Angebots an Arbeitsplätzen, Gütern und Diensten für die Bewohner aller Regionen,
- die Vermeidung zu starker räumlicher Disparitäten in der Struktur und Lebensqualität innerhalb Deutschlands,
- der Erhalt von Freiräumen für Nah- und Fernerholung,
- die Milderung von Verdichtungsfolgen und Überlastungserscheinungen in Ballungsräumen.

Um diese Aufgabe zu erfüllen, stehen dem Staat die auf den Seiten 236–239 des Schülerbuches dargestellten Instrumente zur Verfügung. Mit der Bauleitplanung haben die Gemeinden ein weiteres Instrumentarium.

3 Planungsstufen und Träger der Raumordnung:
Bund: Bundesraumordnungsgesetz,
Länder: Landesentwicklungspläne,
Regionen: Regionalpläne,
Gemeinden: Bauleitplanung.

4 Gegenstromprinzip

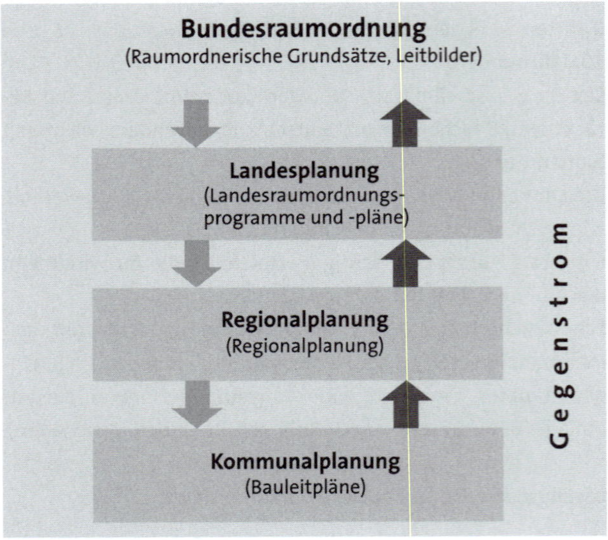

19

5 Prinzip des punkt-axialen Systems:
Der Raum ist überzogen von einem klar strukturierten Netz Zentraler Orte unterschiedlicher Bedarfsstufen (Oberzentren, Mittelzentren, Grundzentren). In ihnen liegt ein konzentriertes Angebot von zentralörtlichen Diensten vor. Durch eine gut ausgebaute Verkehrsinfrastruktur ergibt sich eine gute Erreichbarkeit der Zentralen Orte für alle Bewohner der Region (Entwicklungsachsen). Zwischen den Entwicklungsachsen bleiben Freiräume, um so z. B. der Zersiedlung eines Raumes entgegenzuwirken.

6 Die aus der Energiewende sich ergebende Notwendigkeit der Raumordnung ist vor allem durch das Auseinanderklaffen von Haupterzeugungsgebieten der erneuerbaren Energie und den Hauptregionen des Verbrauchs bedingt, z. B. Strom von den Windparks in den Off-Shore-Gebieten Norddeutschlands muss nach Süden transportiert werden. Zum Ausbau der Netze sind spezielle raumordnerische Maßnahmen notwendig.

7 Flächennutzungsplan und Bebauungsplan sind beides Teile der Bauleitplanung. Im Flächennutzungsplan wird festgelegt, wie die Gemeindeflächen nach den voraussehbaren Bedürfnissen genutzt werden sollen. Der Bebauungsplan wird aus dem Flächennutzungsplan entwickelt. Er legt die bauliche Nutzung von Arealen der Gemeinde verbindlich fest.

8 Spezielle raumordnerische Maßnahmen in ländlichen Gebieten ergeben sich aus deren besonderen Situationen, z. B. Bevölkerungsverluste, schlechte Erreichbarkeit, unzureichende Ausstattung mit Dienstleistungen, Verödung. Mögliche Maßnahmen: Ausbau der Verkehrsinfrastruktur, Zusammenschluss zu Verbünden (z. B. Schulverbünde), „fliegende Angebote von Diensten" (z. B. Güter des täglichen Bedarfs, Gesundheitsdienste).

9 Die Notwendigkeit einer europäischen Raumordnung ergibt sich vor allem aus den z. T. starken regionalen Disparitäten. Konkret bedeutet dies: umfassende Verbesserungen in den Bereichen Ausbildung, Beschäftigung, Wettbewerbsfähigkeit, Infrastruktur.

10 Strukturpolitische Instrumente:
- Europäischer Fonds für Regionale Entwicklung; durch Investitionen in Infrastrukturmaßnahmen, in das Bildungs- und Gesundheitswesen sowie in Forschung und Entwicklung sollen regionale Ungleichgewichte abgebaut werden.
- Der Europäische Sozialfonds stellt Mittel zur Verfügung, z. B. für die Eingliederung von Arbeitssuchenden, Zuwanderern und benachteiligten Personen.
- Der Kohäsionsfonds finanziert Projekte im Zusammenhang mit dem Umweltschutz und den Verkehrsnetzen.

Lösungshinweise zu Kapitel 2.8 Lebensraum Stadt und weltweite Verstädterung

1 Verstädterung: 1. Wachstum von Städten hinsichtlich Einwohnerzahl und/oder Fläche, 2. Vermehrung der städtischen Bevölkerung eines Landes, 3. Wachsen des Anteils der Menschen, die in Städten leben.
Urbanisierung: häufig synonym zu Verstädterung, im engeren Sinne die Ausbreitung städtischer Lebens- und Bauformen in ländlichen Gebieten.
Megapolisierung: Wachstum der Millionenstädte.
Suburbanisierung: flächenhaftes Wachstum der Städte am Stadtrand, vor allem durch Abwanderung der Bevölkerung aus den Innenstädten.

2 Funktionaler Bedeutungsüberschuss durch Konzentration vor allem von Tertiäreinrichtungen in den Städten,
Mindestgröße: hier große Bandbreite der Schwellenwerte in einzelnen Ländern,
zentrierte Siedlungsform besonders in den Innenstädten, d. h. kompakte Bebauung infolge hoher Grundstückspreise,
weitgefächertes Berufsspektrum durch großes Angebot an Arbeitsplätzen im Sekundären und vor allem Tertiären Sektor,
Viertelsbildung: Herausbildung von speziellen Funktionsräumen, wie Bankenviertel, Industrieviertel, City etc.,
soziale und ethnische Differenzierung: Konzentration bestimmter sozialer Gruppen in einzelnen Vierteln,
Innovationszentren: Entstehung durch die Konzentration von z. B. FuE-Einrichtungen,
Raum hoher Mobilität aufgrund des stadttypischen Verhaltens der Bevölkerung, z. B. dichter Ausbau der Verkehrsinfrastruktur,
künstliche Umweltgestaltung, z. B. Bodenversiegelung, Verlust an Freiflächen,
Abhängigkeit von den Ressourcen des umgebenden ländlichen Raums, z. B. Nahungsmittel, Rohstoffe, Trinkwasser, Arbeitskräfte.

3 Industrieländer: Die Verstädterung erfolgte vor allem mit der Industrialisierung, die die Menschen in die Städte zog, das natürliche Wachstum war gering.
Entwicklungsländer: starke Zuwanderung und hohes natürliches Wachstum, fehlende wirtschaftliche Basis.

4 Strukturmerkmale: Werkskolonien, Mietskasernen, Verdichtung durch Wohnbebauung, Industrie- und Verkehrsanlagen, soziale Differenzierung und Segregation, hohe Umweltbelastungen.

5 Merkmale der City: zentrale Lage im Kern der Stadt, hohe Arbeitsplatzdichte, Konzentration von Einrichtungen des Tertiären Sektors, Überwiegen der Tag- gegenüber der Nachtbevölkerung, starke bauliche Verdichtung, gute Erreichbarkeit.

6 Folgen und Probleme der Suburbanisierung: großer Flächenverbrauch, Zersiedelung des Stadt-Umlandes, erhöhtes Pendleraufkommen, wachsende Verkehrsströme mit erhöhten Umweltbelastungen, soziale Segregation durch selektive Suburbanisierung.

7 1 – Altstadt mit Markt, erweitert zur City, 2 – frühneuzeitliche Stadterweiterung mit Fabriken, heute sanierte Wohnviertel, 3 – mittelalterliche Stadtmauer mit Toren, z.T. noch erhalten, 4 – Neustadt, heute vornehmlich Wohnviertel, 5 – Ringstraße mit Grüngürtel, ehemalige Befestigungsanlage, 6 – Eisenbahn mit Bahnhof, 7 – Industrie, 8 – Wohnviertel der Industriearbeiter, 9 – erweiterte Wohngebiete, z.T. soziale Segregation, 10 – Umgehungsstraße, 11 – Subzentren mit Gewerbeparks, Büros, Einkaufszentren, 12 – junge Siedlungsanlagen.

8 Einfluss der Charta von Athen auf nachfolgende Stadtentwicklungsepochen:
- Erhaltung architektonischer Werke – vgl. Ziele der erhaltenden Stadterneuerung,
- Schlüsselfunktion des Verkehrs in seiner verbindenden Funktion – vgl. Forderung nach einer autogerechten Stadt, stadtverträgliche Mobilität,
- Prinzip der funktionalen Trennung – vgl. Funktionalismus und Prinzip der dezentralen Konzentration.

Als richtig und wichtig erwiesen sich vor allem die soziologischen Forderungen der Charta von Athen, z.B. Forderungen zur Lage der Wohnviertel, Größe von Grün- und Freizeitflächen, Erreichbarkeit des Arbeitsplatzes, Vermeidung von Wohnvierteln neben Industriegebieten.

9 Flächensanierung: Abriss und Neubau größerer Areale,
erhaltende Stadterneuerung: Erhalt des überkommenen Erbes,
Gentrifizierung: Aufwertung eines Stadtviertels durch Luxussanierung.

10 Richtig sind städtebauliche Verdichtung und dezentrale Konzentration.

11 Islamisch-orientalische Stadt: Wohnquartiere mit Sackgassen, Moschee als religiöser Mittelpunkt, Suq bzw. Bazar als Handels- und Finanzzentrum, Stadtmauern, Burg und Palastanlage.
Angloamerikanische Stadt: Fehlen europäischer Elemente wie Altstadt, Marktplatz, Burg, Stadtmauer oder Schloss, schachbrettartiger Grundriss, Vorherrschen pragmatischer ökonomischer Gesichtspunkte bei der Stadtgestaltung, starke funktionale Gliederung.
Lateinamerikanische Stadt: rechteckiger Grundriss des Stadtkerns mit großem Platz und repräsentativen Gebäuden im Mittelpunkt, soziales Kern-Randgefälle, Marginalsiedlungen am Stadtrand, starke soziale und räumliche Segregation der Bevölkerung.

Lösungshinweise zu Kapitel 2.9 Globale Disparitäten – Leben in der „Einen Welt“

1 Der Begriff „Entwicklungsländer“ ist insofern „fragwürdig“, als er zu der Annahme verleitet, dass sich diese Länder wirklich zum Positiven entwickeln, obwohl bei vielen von ihnen eher eine Stagnation oder gar ein Rückschritt festzustellen ist. Unklar ist, was mit Entwicklung gemeint ist. Entwicklung nach westlichem Vorbild, d.h. einseitig wirtschaftliche Entwicklung?

2 Indikatoren zur Messung von „Gesundheit“: Lebenserwartung, Kindersterblichkeit, Arztdichte.

3 Der HDI ist aussagekräftiger, da er neben dem BNE pro Kopf weitere Indikatoren enthält.

4 Einerseits ist der Energieverbrauch ein Hinweis auf den Grad der Industrialisierung, andererseits auch auf Ressourcenverbrauch und mögliche Treibhausgasemissionen.

5 Frauen sind in Entwicklungsländern wirtschaftlich besonders benachteiligt. Beispiele: Obwohl sie etwa zwei Drittel der Arbeitsstunden leisten, erhalten sie nur ein Zehntel des Welteinkommens, und ihr Anteil am Weltvermögen beträgt nach Angaben der UNO nur etwa 1%. In einigen Ländern sind Frauen von der Erbfolge ausgeschlossen und bei der Verheiratung müssen sie vielfach ihre gesamte Mitgift an die Familie des Ehegattens abtreten. Bei einer Scheidung fällt in einigen Ländern das gesamte Vermögen an den Mann.

6 Maßnahmen zur Produktionssteigerung der Landwirtschaft:
- Erschließung von Landreserven,
- Bodenbesitzreformen (Änderung der Eigentums- und Besitzverhältnisse, Vergrößerung der Betriebsflächen),
- Bodenbewirtschaftungsreformen (Einsatz von Dünger, Ausdehnung der Bewässerungsflächen u.a.m.),
- Einsatz der Gentechnik.

7 Mit der Strategie der ländlichen Regionalentwicklung soll vor allem den ärmeren Bevölkerungsschichten auf dem Lande geholfen werden. Bestimmende Kriterien für Projekte im Rahmen der LRE sind die Mobilisierung und die aktive Beteiligung der betroffenen Bevölkerung (bottom-up-approach), die Nutzung der lokalen Ressourcen bei langfristiger Sicherung der ökologischen Tragfähigkeit sowie die Berücksichtigung der spezifischen Bedürfnisse der Zielgruppen (z. B. Befriedigung der Grundbedürfnisse). Der Ansatz ist multisektoral und verlangt eine umfangreiche Planung auf verschiedenen Ebenen.

8 Zuzug ärmerer Bevölkerung > geringe Mieteinnahmen > geringe Investitionen der Hausbesitzer > Vernachlässigung der Bausubstanz > sinkender Wohnwert > selektive Abwanderung der Mittelschicht > Nachzug ärmerer Wohnbevölkerung.

9 Infolge der Landflucht setzte ein starkes Städtewachstum ein. Diese Landflucht wurde aber nicht ausgelöst durch ein Angebot von industriellen Arbeitsplätzen, wie in unseren Städten zur Zeit der Industrialisierung. Der Prozess der Verstädterung und des Städtewachstums setzte also „zu früh“ ein.

10 Der informelle Sektor bietet Arbeitsplätze, sichert Einkommen und die theoretische Möglichkeit zum sozialen Aufstieg. Da er nicht kapitalintensiv ist, können auch Ärmere sich eine Existenz aufbauen. Er ist aber u. U. auch mit Kriminalität verstrickt, bringt dem Staat keine Steuereinnahmen, bietet den im informellen Sektor Tätigen keine Sicherheit und fördert u.U. Kinderarbeit.

11
a) Es sind vor allem Dependenztheoretiker, die diese Meinung vertreten.
b) Als Gründe führen Kritiker u. a. die geringe Effizienz und Fehlplanungen an. Im Zuge der entwicklungspolitischen Zusammenarbeit werde vielfach tief in das Leben der Betroffenen eingegriffen. Diese hätten ggf. Vorteile gegenüber denen, die nicht profitieren, so dass deren Existenzgrundlage sich u. U. noch verschlechtere.

12 Die Möglichkeiten der Teilhabe sind vielfach eingeschränkt, z. B. durch fehlende Sprachkenntnisse der Menschen, so dass nur besser Gebildete profitieren. Vielfach ist der IT-Sektor, eine entscheidende Voraussetzung für die Teilhabe, unterentwickelt („Dörfer ohne Stromanschluss“). Eine globalisierte Wirtschaft erfordert kapitalkräftige Unternehmer und Staaten. In den meisten Entwicklungsländern fehlen diese Unternehmer und viele Länder sind hochverschuldet. Aufgrund des geringen Industrialisierungsgrades haben die meisten Entwicklungsländer kaum eine Chance an den internationalen Märkten. Sie sind oft lediglich Rohstofflieferanten.

Lösungshinweise zu Kapitel 2.10 Ausgewählte Wirtschaftsräume im Globalisierungsprozess

Die Weltwirtschaft im Globalisierungsprozess

1 Voraussetzungen der Globalisierung: Liberalisierung des Welthandels, Abbau von Handelshemmnissen, Deregulierung der Märkte, Fortschritte in der Verkehrstechnik und Telekommunikation, Ende des kalten Krieges und Einbindung der Transformationsländer in die Weltwirtschaft, Aufstieg der Schwellenländer,
Erscheinungsformen der Globalisierung: globale Vernetzung, Bildung eines „Weltbinnenmarktes“, erhöhte Mobilität von Arbeit und Kapital, Souveränitätsverluste der Nationalstaaten, globale Umweltgefährdungen.

2 Mit dem Begriff „regionale Asymmetrie“ wird die Tatsache umschrieben, dass die Länder der Erde sehr unterschiedlich vom Wachstum des Welthandels profitieren. Es dominieren die Triade (Europa, Nordamerika, Asien-Pazifik, einschließlich China), während der Rest der Welt abgeschlagen ist.

3 Kritiker werfen den Global Players vor allem vor, dass
- ihre wirtschaftliche Macht nur schwer kontrolliert werden kann,
- ihr Interesse oft nicht dem der Gastländer entspricht,
- sie vornehmlich Güter für den Weltmarkt und nicht für den Bedarf des Gastlandes produzieren,
- sie nur besonders günstige Produktionsstandorte heraussuchen und so die Herausbildung von regionalen Disparitäten fördern,
- Gewinne ins Mutterland transferieren, so dass die Gastländer kaum profitieren.

4 Die Karikatur richtet sich gegen die Übermacht sowohl einzelner Staaten, wie z. B. der USA, der EU-Staaten oder China, als auch einzelner Global Players in wirtschaftlicher und politischer Hinsicht. Diese haben einseitig ihre eigenen Interessen im „Global Play“ im Blick – zulasten der kleineren Länder, und hier besonders der Entwicklungsländer. „Im Haifischbecken fressen die Großen die Kleinen.“

USA

5 Zu nennen sind:
- die einheitlichen, über große Entfernungen sich kaum ändernden Naturbedingungen, die einen großflächigen Anbau von ausgewählten landwirtschaftlichen Produkten in monokulturähnlicher Form ermöglichen,
- die reiche Ausstattung mit Bodenschätzen und Energiequellen,
- das große Angebot an Arbeitskräften (Einwanderer),

- die Einführung des fordistischen Wirtschaftssystems,
- die Kaufkraft einer stark wachsenden Bevölkerung,
- günstige Konjunkturlagen, während die großen Konkurrenten in Europa in Kriege verwickelt waren,
- günstige Lage für den internationalen Handel.

6 Gemessen am gesamten Außenhandelsvolumen (Exporte + Importe) sind die USA die führende Handelsmacht der Erde, auch wenn die Außenhandelsbilanz traditionell negativ ist, die Importe also größer sind als die Exporte. Eng verflochten sind die Handelbeziehungen vor allem mit Kanada, dem wichtigsten der beiden anderen NAFTA-Mitglieder. Dennoch ist die räumliche Struktur des Außenhandels sehr weit, ein weiterer Beleg für die Bedeutung als Global Player.

7 Alle Merkmale, die eine postindustrielle Gesellschaft kennzeichnen, waren schon früh in den USA ausgeprägt, z. B.: hoher Anteil des Tertiären Sektors bei den Beschäftigten und beim BIP, Dominanz der modernen Wirtschaftsbranchen, besonders der Informations- und Kommunikationstechnologie, weit fortgeschrittene Verstädterung.

8 Global City New York, Kennzeichen:
- Bevölkerungsgröße (ca. 20 Mio. Einwohner),
- Finanz- und Handelszentrum von globaler Bedeutung),
- „Kommandozentrale der Weltwirtschaft", wichtigster Börsenplatz der Welt,
- außerordentliche Wirtschaftskraft der Stadt,
- Konzentration von Global Players,
- hoher Anteil des FIRE-Sektors (finances, insurances, real estates = Immobilien).

Europa

9 Wichtige Etappen der europäischen Integration:
1949 Gründung des Europarates,
1952 Gründung der EGKS,
1958 Schaffung eines gemeinsamen Marktes (EWG),
1967 Zusammenlegung von EGKS, EWG und Euratom zur EG,
1973 Norderweiterung der EU,
1981/1986 Süderweiterung der EU,
1992 Schaffung des Europäischen Binnenmarktes,
1992 Maastrichter Verträge,
2004/2007/2013 Osterweiterungen der EU.

10 Gunstfaktoren:
Europa ist ein dem Meer zugewandter und aufgeschlossener Kontinent: auf drei Seiten vom Meer umgeben, lange Küstenlinien,
Europa ist ein verkehrsmäßig durchgängiger Kontinent: Fehlen massiver in Nord-Süd-Richtung verlaufender Gebirgsschranken,
Europa ist ein klimatisch begünstigter Kontinent: Lage in der gemäßigten Zone, Golfstrom als Gunstfaktor, seltene Unwetterkatastrophen und Dürren.

Ungunstfaktoren:
Raumenge durch Kleingliederung des Reliefs, teilweise Gefährdung durch Vulkanismus und Erdbeben, eingeschränkter Reichtum an Bodenschätzen.

11 Wachstumsregionen und wirtschaftliche Zentren wechseln mit stagnierenden Altindustrieregionen und strukturschwachen Räumen, agrarisch geprägte Räume mit verstädterten Verdichtungsräumen, Räume mit einer hohen Bevölkerungs-, Siedlungs- und Infrastrukturdichte mit naturnahen Tourismusregionen.

12 Mit ihren hohen Anteilen am Welthandel ist die EU stärker als jeder andere Wirtschaftsblock in die Weltwirtschaft eingebunden. Mit ihren „Vier Freiheiten" stellt sie auch die weitreichendste Integration unter allen internationalen Wirtschaftsbündnissen dar. Inzwischen muss sie sich allerdings mehr und mehr mit anderen Konkurrenten auseinandersetzen. Die größten Konkurrenten kommen dabei inzwischen aus dem asiatischen Raum.

China

13 Große Teile Chinas sind sehr gebirgig, werden von Wüsten eingenommen und liegen weit von der Küste entfernt. Insgesamt überwiegen jedoch die positiven Faktoren, z. B.: Lage im aufstrebenden ost- und südost-asiatischen Raum, Hafengunst der gesamten Ostküste, vielfältige und reiche Bodenschätze und Energieträger, Lage in verschiedenen Klimazonen und damit breite Palette von landwirtschaftlichen Anbauprodukten.

14 Voraussetzung war der wirtschaftliche Transformationsprozess ab 1978, d. h. teilweise Zulassung der Preisbildung auf dem Markt, Zulassung von Privateigentum an Produktionsmitteln, Errichtung von Sonderwirtschaftszonen und „geöffneten Städten", Begünstigung von Joint Ventures mit ausländischen Unternehmen, gezielte Förderung des Außenhandels, z. T. mit unfairen Praktiken, hohe Investitionen im Ausland.

15 Schattenseiten des rapiden Aufschwungs: hohe Abhängigkeit von Exporten, Verstärkung räumlicher Disparitäten, extreme Umweltbelastungen und -schäden, soziale Fehlentwicklungen durch „Turbokapitalismus".

Japan

16 Raumprobleme:
- der gebirgige Charakter des Landes und seine flächenhafte Zerstückelung, so dass das Siedlungsland knapp ist und die Häfen eine schlechte Hinterlandanbindung haben,
- die starke Gefährdung durch Erdbeben, Vulkanismus, Tsunamis und Taifune.

17 Erfolgreiche Maßnahmen:
- die erfolgreiche Exportoffensive in die traditionellen Industrieländer Europas und in die USA,
- umfangreiche industrielle Produktionskapazitäten,
- Einführung moderner industrieller Organisationsformen und Produktionsstrukturen,
- Export von Produkten mit einem hohen Absatzpotenzial, z. B. KFZ, Elektronikartikel, optische Geräte,
- Auslagerung von Produktion und Produktionsschritten in die Zielländer Europas und in die USA.

18 Schwierigkeiten im Globalisierungsprozess:
- die natürliche Verwundbarkeit (s. Aufgabe 16),
- die außenwirtschaftliche Verwundbarkeit (starke Abhängigkeit von Rohstoffimporten, die hohe Exportabhängigkeit, beides verstärkt durch unsichere maritime Transportwege),
- eine hohe Staatsverschuldung.

Südostasien

19 Die Behauptung lässt sich bereits mit den Daten der Tab. 3 auf Seite 416 im Schülerbuch belegen. Die Spannweite reicht von Ländern, die zu den Least Developed Countries zu zählen sind, bis hin zu Ländern mit hohem Einkommen. Hinter den Daten verbergen sich weitere Erscheinungsformen der Entwicklung bzw. Unterentwicklung. Konkretisieren lassen sie sich mit Materialien des Schülerbuches und statistischen Veröffentlichungen, z. B. des Fischer Weltalmanachs und des Internets. Hinzu kommen andere Faktoren, wie z. B. die unterschiedliche Ausstattung der einzelnen Länder mit Rohstoffen oder die großen kulturellen Unterschiede.

20 Die Aufgabe eignet sich gut für den arbeitsteiligen Gruppenunterricht. Dazu werden die Schülerinnen und Schüler vor allem Länderprofile der einzelnen Staaten im Internet heranziehen. Schließlich können auch die Untersuchungsergebnisse aus Aufgabe 16 herangezogen werden.

21 Die ergänzenden Überschriften im Schülerbuch (S. 419–421) geben erste Hinweise: Singapur – wissensbasierte Entwicklungsstrategie, Vietnam – exportorientierte Industrialisierung, Indonesien – rohstofforientierte Wirtschaftsentwicklung durch Palmölproduktion. Die Schülerinnen und Schüler können diese in die Darstellung M 4, S. 417 einordnen und auf dieser Basis vergleichen.

Indien

22 Gegensätze zeigen sich sowohl im naturgeographischen Bereich als auch besonders in den Bereichen Wirtschaft und Gesellschaft. Beispiele für die Heterogenität: vielfältige Landschaften vom Hochgebirge bis zum Tiefland unter dem Meeresspiegel, klimatische Gegensätze von Wüsten bis zu regenreichen Gebieten mit ständiger Überschwemmungsgefahr, Gegensätze zwischen weltstädtischen Metropolen und mittelalterlich anmutenden Dörfern. Besonders krass sind die sozialen Gegensätze: Indien ist zugleich ein Land der Multimillionäre und einem Land, in dem drei Viertel der Menschen in bitterer Armut leben. Vgl. dazu auch M 3, M 4 auf S. 423 im Schülerbuch.

23 Entscheidend waren die Maßnahmen zur Liberalisierung der Wirtschaft unter Nehru nach 1991. Motor der Entwicklung war die Hightechnologie – und damit unterscheidet sich das Land grundlegend von anderen Ländern, deren Entwicklungsweg über die Kapitalisierung von Landwirtschaft und die Förderung der Grundstoff- und Konsumgüterindustrie erfolgte.

24 Schattenseiten des Wirtschaftsbooms: Boom des informellen Sektors, wachsende soziale und regionale Disparitäten, Vergrößerung der dualistischen Wirtschaftsstruktur (Hightechindustrie contra agrarische Subsistenzwirtschaft), unkontrollierte Megapolisierung.

25 „Indien – Büro der Welt“
a) Die Bezeichnung „Indien-Büro der Welt“ bringt zum Ausdruck, dass der indische Dienstleistungssektor eine überragende globale Bedeutung gewonnen hat. Motor des beispielhaften Wachstums war vor allem der IT-Sektor. Im Zuge der Globalisierung hat Indien zunehmend die Aufgabe eines „Backoffice“ für ausländische Unternehmen übernommen, z. B. Entwicklung von Kunden-Software, Kontoführung von Banken, Telefonreservierungen für Flugunternehmen u. a. m.
b) Inzwischen ist Indien jedoch über dieses Stadium hinausgetreten. Das Land ist nicht mehr nur Dienstleister für andere Länder/Unternehmen, sondern hat sich mehr und mehr zu einem selbstständigen Akteur unter den Global Players entwickelt.

Russland und Zentralasien

26 Schwierige Ausgangssituation Russlands:
- mangelnde Konkurrenzfähigkeit der russischen Produkte auf dem Weltmarkt,
- veraltete Maschinenausrichtung,
- fehlendes marktwirtschaftliches Know-how,
- unzureichender Entwicklungsstand der Konsumgüterindustrie,
- Fehlen unternehmerischer Dienstleistungen,
- geringe Integration in den Weltmarkt,
- fehlendes Kapital und damit geringe Investitionen,
- Verarmung großer Bevölkerungsteile.

27 Trotz aller wirtschaftlichen Erfolge im Rahmen der Transformation ist Russland noch weit davon entfernt ein Global Player auf dem Weltmarkt zu sein. Die für eine wirksame globale Wirtschaft notwendigen Institutionen fehlen. Korruption ist weit verbreitet. Es fehlen wirksame Regulierungen, die in internationalen Marktbeziehungen Vertrauen schaffen könnten. Frei denkende Unternehmer werden (z.T. auf rechtswidrigem Wege) gebremst. In den Ausländischen Direktinvestitionen liegt Russland weit hinter den anderen Industrieländern. Russsische Unternehmen sind zu wenig internationalisiert.

28 Aufgrund der großen Heterogenität sind die Entwicklungschancen der einzelnen zentralasiatischen Staaten im Globalisierungsprozess sehr unterschiedlich. Vieles, was zu Russland in Aufgabe 27 gesagt wurde, gilt auch für die meisten dieser Länder. Erschwerend kommen die landlocked Situation hinzu sowie die Nachbarschaft zu Krisengebieten wie Afghanistan. Die Chance einer stärkeren Eingliederung in den Weltmarkt spricht man allenfalls den rohstoffreichen Ländern zu, wie z.B. Kasachstan.

Lateinamerika

28 Die Materialien auf Seite 440 im Schülerbuch belegen die geringe Weltmarktintegration Lateinamerikas, sowohl was den Warenhandel als auch die Finanzströme anbetrifft. Eine Ausnahme bildet hier lediglich Brasilien und – mit Abstand – Chile. Sie ist im Wesentlichen das Ergebnis einer vergleichsweise geringen Wettbewerbsfähigkeit der meisten Wirtschaftszweige.

30 Die heutige weltwirtschaftliche Situation ist zu einem großen Teil der jahrhundertelangen dependencia, d.h. der Abhängigkeit bzw. Ausbeutung durch die europäischen Kolonialmächte Spanien und Portugal zuzuschreiben. Diese hat eine eigenständige Wirtschaft unterbunden und die Länder Lateinamerikas zu Rohstoffexporteuren degradiert: "Entwicklung der Unterentwicklung".

31 Aufgrund der z.T. großen Unterschiede zwischen den einzelnen Ländern Lateinamerikas, sowohl was das natürliche Potenzial anbetrifft als auch den Entwicklungstand von Wirtschaft und Gesellschaft, sind auch die Chancen einer Teilhabe am Globalisierungsprozess recht unterschiedlich. Hinzu kommen die in den letzten Jahren in einzelnen Ländern zu beobachtenden Abschottungstendenzen, wie z.B. in Bolivien und Venezuela. Nur einigen wenigen Ländern ist eine stärkere Teilhabe am Globalisierungsprozess gelungen, wie z.B. Brasilien und Mexiko. Einige Länder sehen ihre Chance vor allem in dem Export von agrarischen und mineralischen Rohstoffen – angesichts der Verknappung und Verteuerung von Rohstoffen auf dem Weltmarkt keine schlechte Perspektive.

Subsahara-Afrika

32 Belege zur Stützung des Ausspruchs liefern u.a. die Materialien auf den Seiten 443–444 des Schülerbuches. An dieser Stelle kann auch auf die beiden Karten zum BNE/Kopf und HDI im Kap. 9, S. 304–305 sowie die Karte zu den Welthandelsströmen im Kap. 11, S. 354 zurückgegriffen werden. In einigen Ländern Schwarzafrikas ist das Entwicklungsniveau, gemessen z.B. an der Lebenserwartung, auf das Niveau von 1970 gesunken. Angesichts der z.T. katastrophalen sozialen, wirtschaftlichen und politischen Missstände ist auch in Zukunft nicht damit zu rechnen, dass die Länder Anschluss an das Weltniveau finden werden. Eine Ausnahme in Subsahara-Afrika stellt lediglich Südafrika dar.

33 Aufgrund der schlechten Ausgangssituation sind die Chancen äußerst gering. Die meisten Länder haben nicht die Kapazitäten und Ressourcen, weder im wirtschaftlichen noch im Humanbereich. Hinzu kommen die kriegerischen Auseinandersetzungen, die jeden Fortschritt zunichte machen. Eine Chance einer stärkeren Einbindung liegt allenfalls in dem Rohstoffreichtum einiger Staaten, und dies vor allem vor dem Hintergrund steigender Weltmarktpreise.

34 Eine interessante, aber nicht unproblematische Strategie verfolgt das Land Ruanda. Es hat sich stark an China angebunden, das in großem Stil in Infrastruktur, Bergbau und andere Großprojekte investiert. Erkauft werden die zweifelsohne beachtlichen Fortschritte mit einer starken Abhängigkeit und z.T. massiven Umweltproblemen.

3 Wie bearbeite ich eine Klausur?

3.1 Eine Muster-Klausur: Norwegens Öl – überholte wirtschaftliche Basis oder Zukunftsgarant?

1. Förderung von Energieressourcen in der Nordsee:
a) Lokalisieren Sie die Öl- und Gas-Förderregionen, vor allem Norwegens.
b) Beschreiben Sie die Erdöl- und Erdgasförderung und ihre Entwicklung in der Nordsee unter besonderer Berücksichtigung Norwegens.

2. Analysieren Sie die Bedeutung der Erdöl- und Erdgas-Förderung für Norwegen.

3. Erörtern Sie die Frage „Norwegens Öl und Gas – überholte wirtschaftliche Basis oder Zukunftsgarant?"

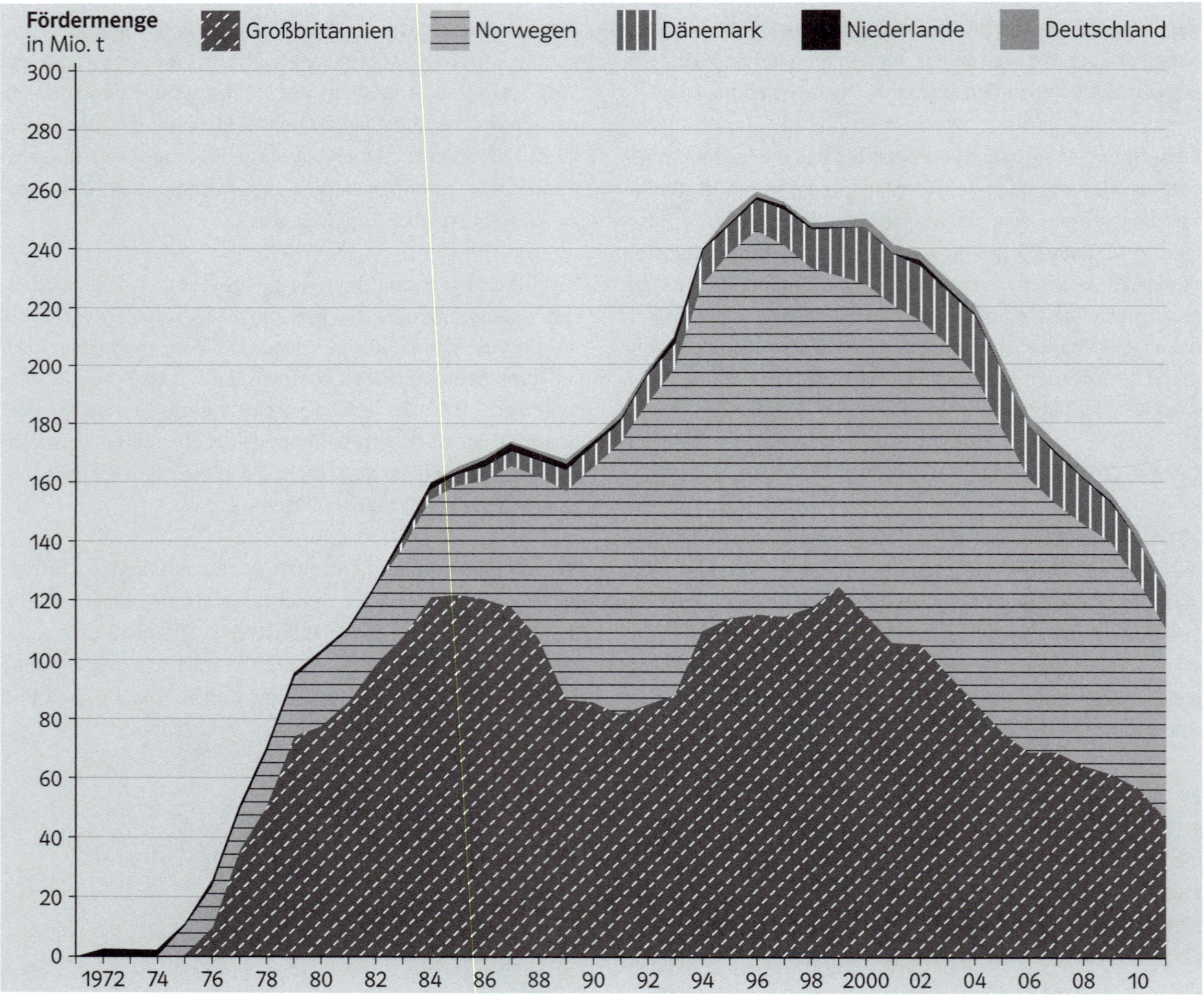

1 Erdölförderung der Nordseeanrainerstaaten 1971–2011 (in Mio. t)

M2 Nach: http://bilder3.n-tv.de/img/incoming/origs7181206/8842734570-w1000-h960/Nordseeoel-IWR-Grafik-2012.jpg, Zugriff 04/2014

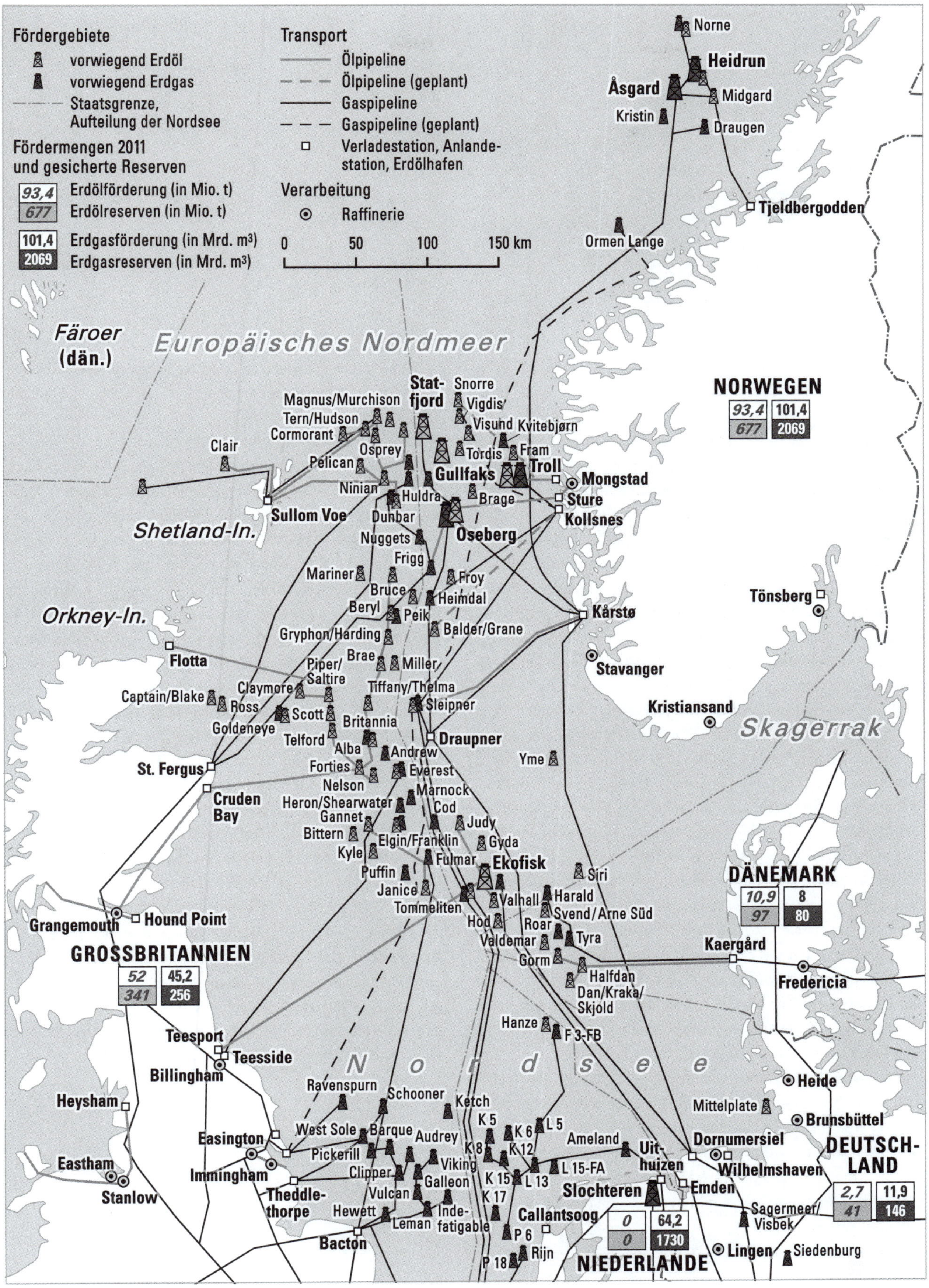

2 Erdöl- und Erdgas in der Nordsee – Förderung und Reserven

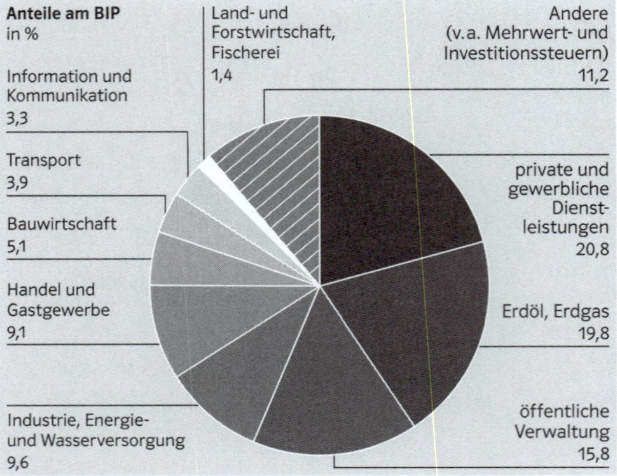

3 **Wirtschaftsstruktur Norwegens 2010**

	2008	2009	2010	2011	2012
Gesamtumsatz (in Mrd. NOK[1])	656,0	465,4	529,9	670,2	723,4
Nettogewinn (in Mrd. NOK[1])	43,3	17,7	37,6	78,4	69,5
Öl- und Gasförderung (in Mio. Barrel/Tag)	1925	1962	1888	1850	2004
Öl- und Gasreserven (in Mrd. Barrel)	5584	5408	5325	5426	5422

[1] 8,24 Norwegische Kronen (NOK) = 1 Euro (Mai 2014)
1 Barrel (Faß) = 159 Liter

5 **Finanz- und Förderdaten des staatlichen norwegischen Öl- und Gaskonzerns Statoil**

Norwegens Schwarzes Gold treibt den Motor an

„Weihnachten begann 1969 für Norwegen einen Tag früher als üblich. Am 23. Dezember 1969 stießen die Ingenieure einer Erkundungsbohrinsel vor West-Norwegen auf Öl, genauer gesagt: auf ein gigantisches Ölfeld, das später „Ekosfisk" genannt wurde. Hier schlummerten bis zu vier Milliarden Barrel der feinen Sorte Brent, umgerechnet also 636 Milliarden Liter des Schmierstoffs, der die Industriegesellschaft am Leben hält. Wer Zahlenspiele mag: Damit ließen sich etwa 57 Billionen Liter Benzin und Diesel herstellen.

Der Fund markierte eine Zeitenwende – weg von der Agrar- und hin zur Industriegesellschaft. Norwegen stieg zum European Player auf, denn neben Öl exportiert Norwegen auch Gas und Strom aus Wasserkraft. ...

Der Hunger nach Öl und Gas treibt Norwegen weit in den Norden, wo geradezu sagenhafte Mengen vermutet werden. Bereits seit 2007 läuft die Gasförderanlage für das Feld „Snøhvit" in der Barentssee, wo bis zu 40 Jahre lang Gas gefördert werden soll. Seit mehreren Jahren haben Energiekonzerne und Anrainerstaaten auch die Arktis ins Visier genommen. Im „Arktischen Rat", in dem Norwegen auch vertreten ist, bemühen sich die Länder um einen gerechten Interessensausgleich. ... Umweltschützer protestieren scharf gegen die Förderung in der Region. ... Das Risiko eines Unfalls, bei dem Öl austritt und ganze naturbelassene Landstriche verseuchen könnte, sei viel zu groß, ...

Die Norweger setzen dagegen, dass die Arktis seit über 100 Jahren auch ein Wirtschaftsraum sei, in dem Rohstoffe gefördert werden. ‚In den letzten Jahrzehnten haben Russland und die USA beträchtliche Mengen Rohöl in der Arktis gefördert – zumeist auf dem Land, teilweise jedoch auch auf dem Meer, führt der Staatssekretär im Außenministerium, Torgeir Larsen, ...' an. ...

‚In Norwegen wehren wir uns daher gegen die Tendenz, die Arktis auf ein romantisches, jungfräuliches Niemandsland mit Eisbären zu reduzieren', schreibt der Staatssekretär. ..."

4

Sicherung von Norwegens Zukunft

„Die hohen Weltmarktpreise für Öl, die starke Förderung und die vergleichsweise geringe Bevölkerung tragen zu Norwegens sehr hohem Pro-Kopf-Einkommen bei. Die Norweger haben jedoch erkannt, dass Ölreserven, die voraussichtlich nur noch einige Jahrzehnte reichen, und das bestehende sehr engmaschige soziale Netz, das teuer ist, gleichzeitig aber langfristig gesichert werden soll, eine besondere Strategie für die Zukunft erfordern, wenn der Wohlstand Norwegens dauerhaft gesichert werden soll. Daher wurde 1990 ein besonderes Investmentkonzept entwickelt: der Ölfonds. In diesem werden die enormen Erträge aus dem Ölexport angelegt. Dies geschieht ausschließlich auf ausländischen Märkten, um ein Überhitzen der inländischen Wirtschaft und eine Aufwertung der norwegischen Krone zu verhindern. Der staatlich geführte Ölfonds Statens pensjonsfond soll so eine Rücklage bilden für die Zeit, in der die Ölreserven zur Neige gehen. Der Wert des norwegischen Ölfonds beträgt ca. 499 Milliarden Euro (3 723 Milliarden NOK) (Stand 3. Quartal 2012). Dies entspricht einem Betrag von ca. 98 800 Euro pro Norweger. Aufgrund des anhaltend hohen Ölpreises ist zu erwarten, dass dieses Vermögen in Zukunft noch stark anwachsen wird. Die Prognose aus dem bereinigten Budget 2012 geht von ca. 621 Milliarden Euro (4 641 Milliarden NOK) bis zum Jahr 2015 und von ca. 839 Milliarden Euro (6 262 Milliarden NOK) bis zum Jahr 2020 aus."

6

Norwegen: Neue Funde – neue Zukunft?

„Für Ola Borten Moe ist dies ein guter Tag. Wenn ein Erdölminister mitteilen darf, dass sich die bekannten Energievorräte unter dem Meeresboden seines Landes auf einen Schlag um schätzungsweise 15 Prozent vermehrt haben, dann kann das gar nicht anders sein. Doch den Rohstoffschatz zu heben, wird nicht gerade einfach. Umweltverbände haben bereits Widerstand angekündigt.

Neue Ressourcen nördlich von Norwegen

‚Diese neuen Ressourcen repräsentieren enorme Werte', strahlt der jugendliche Ressortchef. ‚Speziell erfreulich ist das auch für Nordnorwegen, das sich damit nun wirklich als neue Erdölprovinz positionieren kann'. Dass sich unter der Barentssee südöstlich von Spitzbergen und rund um das ebenfalls norwegische Inselchen Jan Mayen 500 Kilometer vor der grönländischen Küste noch riesige, unentdeckte Lagerstätten von Erdöl und Erdgas verbergen, das konnte man bislang vielleicht vermuten. Sicher gewusst hat es niemand. Denn jahrzehntelang war es aus politischen Gründen unmöglich, die Gegend geologisch zu erkunden.

Grenzabkommen macht's möglich

Erst 2010 legten Russland und Norwegen einen 40 Jahre schwelenden Gebietsstreit bei und einigten sich auf eine gemeinsame Seegrenze in den arktischen Gewässern. Damit war der Weg frei für eine Forschungsflotte, die das norwegische Erdöldirektorat in das 44 000 Quadratkilometer große Meeresgebiet entsandte, und die jetzt mit froher Kunde heimkehrte.

Seismische Messungen hatten ausgewiesen, dass sich in der Tiefe der südöstlichen Barentssee vermutlich rund 300 Millionen Standardkubikmeter Erdöläquivalente verbergen. Rund um die einsame Gletscherinsel Jan Mayen sollen es weitere 90 Millionen Standardkubikmeter Erdöläquivalente sein. Mit der Maßeinheit eines Erdöläquivalents wird die Energiemenge und nicht die Liter-Zahl angegeben.

Unsicherheit der Prognose

Das sind riesige Mengen. Doch mit dieser Prognose sind auch Unsicherheiten verbunden. Das Erdöldirektorat mahnt zur Vorsicht. Noch handele es sich nicht um tatsächliche Funde, sondern nur um Annahmen aufgrund seismischer Untersuchungen. Gewissheit müsse sich erst aus Probebohrungen erweisen. Allerdings liegt das Gebiet zwischen dem riesigen russischen Gasfeld ‚Shtokman' und dem norwegischen ‚Schneewittchen'-Gasfeld, damit ist die Wahrscheinlichkeit groß, tatsächlich etwas zu finden. Das Erdöldirektorat betont auch, es müsse mit Unsicherheiten und Fehlmargen gerechnet werden. So kann die Menge von Erdöläquivalenten im südöstlichen Barentsmeer zwischen 55 und 565 Millionen Kubikmeter betragen und die um Jan Mayen zwischen null und 460 Millionen schwanken.

Ein Wermutstropfen ist zudem, dass sich vermutlich zum größeren Teil Gas statt Erdöl finden wird. Bei den sinkenden Gaspreisen sind das nicht nur gute Nachrichten. Doch selbst bei konservativen Annahmen und einem großen Gasanteil liegen für Norwegen in den Tiefen des südöstlichen Barentsmeeres riesige Werte verborgen.

Produktion noch in weiter Ferne

Das Gebiet im südöstlichen Barentsmeer ist noch ‚ungeöffnet'. Es ist noch nicht in Bohrfelder unterteilt und damit auch noch nicht für Probebohrungen bereit. Erst muss nun das norwegische Parlament grünes Licht geben und dann den Erdölgesellschaften Erkundungsfelder für Probebohrungen zuteilen. Bis die Produktion im Gang ist, werde es deshalb noch 15 bis 20 Jahre dauern, meint Erdöldirektorin Nyland.

Zudem sind Umweltschutzorganisationen wie Greenpeace, Bellona und WWF Norwegen gegen Ölbohrungen in der südöstlichen Barentssee und haben Widerstand angekündigt. Auf noch mehr Skepsis stoßen Bohrungen um die Insel Jan Mayen, die seit 2010 unter Naturschutz steht."

7

M3 Zusammengestellt aus verschiedenen Quellen

M4 Per Hinrichs auf http://www.welt.de/sonderthemen/norwegen/article114540891/Schwarzes-Gold-treibt-den-norwegischen-Motor-an.html, Zugriff 07/2013

M5 Zusammengestellt aus verschiedenen Quellen

M6 http://de.wikipedia.org/wiki/Norwegen#Wirtschaft, Zugriff 05/2014

M7 dapd vom 4.3.2013 auf http://www.t-online.de/wirtschaft/boerse/rohstoffe/id_62398594/norwegen-vermehrt-wohlstand-schlagartig-mit-erdoel-und-erdgas.html, Zugriff 02/2014

3.2 Zwölf Tipps zur Lösung einer Klausur

1. Verschaffen Sie sich einen Überblick: Themen, Materialien, Aufgabenstellungen.
Sie haben in den meisten Bundesländern im Abitur die „Qual der Wahl" zwischen mehreren Klausur-Themen. Das gibt Ihnen aber gleichzeitig auch die Möglichkeit, in Ruhe zu überlegen, welche Aufgaben und welches Raumbeispiel am ehesten Ihren Stärken entgegenkommen. Haben Sie sich dann für ein Thema entschieden, sollten Sie die Teilaufgaben genau unter die Lupe nehmen.

2. Beachten Sie die Operatoren.
Bei den Operatoren handelt es sich um Verben, die genau angeben, was von Ihnen verlangt wird. Sie sind drei so genannten Anforderungsbereichen (I, II, III) zugeordnet, die durch einen ansteigenden Schwierigkeitsgrad gekennzeichnet sind. Alle Anforderungsbereiche müssen in einer Klausur vorkommen, so dass in aller Regel Selbstständigkeit und Abstrahierung von der ersten zur dritten Aufgabe hinzunehmen. In unserer Norwegen-Klausur heißen die beiden ersten Operatoren „lokalisieren" und „beschreiben" (nur in der ersten Aufgabe können aufgrund des Lokalisierens des Raumbeispiels zwei Operatoren vorkommen). Das heißt also, dass Sie erstens das Klausur-Beispiel „Norwegen – Nordsee-Öl und -Gas" räumlich-topographisch einordnen sollen und dass Sie dann zweitens aus dem vorgegebenen Material (hier M 1 und M 2) sowie aus Ihren Vorkenntnissen Informationen zusammenhängend und schlüssig beschreiben sollen.
Erläuterungen und Übungen zu den wichtigsten Operatoren finden Sie in Kapitel 1!

3. Die Struktur der Antwort steckt oft in der Aufgabenstellung – markieren Sie deshalb die Schlüsselbegriffe.
Betrachten Sie die Aufgaben und suchen Sie in ihnen die Schlüsselbegriffe, die Ihnen die gestellten Anforderungen erschließen. Die Leitfrage hierfür heißt: Welche inhaltlichen Aspekte werden von mir konkret erwartet?
Die Norwegen-Klausur kann auch hier als Beispiel dienen. Dazu sind im Folgenden die Schlüsselbegriffe der Teilaufgabe 1 b fett gedruckt:
„Beschreiben Sie die **Erdöl- und Erdgasförderung und ihre Entwicklung in der Nordsee unter besonderer Berücksichtigung Norwegens.**"
Das Markieren der Schlüsselbegriffe verdeutlicht und konkretisiert nicht nur die gestellten Anforderungen, sondern hilft darüber hinaus auch, Doppelungen in den Ausführungen zu den einzelnen Aufgaben zu vermeiden. Es setzt aufgabenspezifische Akzente und gibt eventuell – wie hier in Aufgabe 1 b – auch ein Gliederungsschema vor:
1. Überblick über die Fördersituation
2. Darstellung der Entwicklung der Förderung
→ beides mit dem Schwerpunkt Norwegen.

8

4. Klären Sie die Lage und die relevanten Raumkategorien.
Die Geographie ist eine Raumwissenschaft, und das muss in Ihren Ausarbeitungen Berücksichtigung finden. Im Norwegen-Beispiel gibt die Karte M 2 genügend Raumhinweise. Ansonsten benutzen Sie hierfür zusätzlich den Atlas. Ordnen Sie also mithilfe von Karten den zu behandelnden Raum ein und gliedern Sie ihn, soweit auffällig bzw. möglich, in Teilräume.

5. Sichten Sie das Material und ordnen Sie es grob den Teilaufgaben bzw. Teilaspekten zu.
Man kann in der Regel davon ausgehen, dass die Anordnung der Materialien im weitesten Sinne der Aufgabenfolge entspricht. Dennoch ist die Zuordnung der Materialien zu den Aufgaben sinnvoll, da es durchaus möglich ist, dass eine Karte, ein Diagramm etc. Inhalte für mehr als nur eine Aufgabe liefern.
In unserer Norwegen-Klausur ist das z. B. der Fall:
- M 1 und M 2 gehören offenkundig zu Aufgabe 1. Man kann jedoch auch Inhalte von M 4 in die Aufgabe mit einfließen lassen (erster Abschnitt)!
- M 3 – M 6 liefern die Inhalte zur Beantwortung der Aufgabe 2.
- M 7 ist natürlich in erster Linie mit Aufgabe 3 verknüpft. Für die hier verlangte Erörterung bieten sich aber auch weitere Materialien an, wie z. B. M 4 oder M 6!

6. Strukturieren Sie die Ihnen zur Verfügung stehende Zeit.
Dieser Punkt erscheint vielen lästig, vielleicht sogar überflüssig. Es hilft aber, sich an Folgendem zu orientieren: 20 bis 30 Minuten sollte man für die Themenauswahl, das strukturierende Lesen der Aufgaben (Schlüsselbegriffe!) sowie für eine erste Materialsichtung reservieren. Ein Drittel der folgenden Zeit sollte man einer gründlichen Materialsortierung und -auswertung vorbehalten – diese Zeit ist nicht verloren! Im Gegenteil, die hier geleistete Arbeit erleichtert und beschleunigt das anschließende Schreiben. Am Ende schließlich sollten Sie rund 15 Minuten übrig haben, um Ihre Arbeit noch einmal durchzulesen und dabei auch auf Orthographie, Zeichensetzung usw. zu achten.

7. Analysieren Sie das Material zielgerichtet.
Dieser Punkt ist, wie bereits in Punkt 6 angesprochen, besonders wichtig. Behalten Sie bei der Analyse vor allem immer die Aufgabenstellung im Auge. Sie vermeiden so, dass in Ihren Formulierungen Textteile entstehen, die mit der gestellten Aufgabe wenig oder nichts zu tun haben. Denn diese kosten Zeit, haben keinen Ertrag für die Aufgabe und bringen keine Leistungspunkte. Ein Beispiel: Es ist für einen deutschen Schüler sicher interessant, die Situation Deutschlands hinsichtlich Nordsee-Öl und -Gas unter die Lupe zu nehmen. Aber mehr als eine kurze Erwähnung ist hier nicht sinnvoll, denn in Aufgabe 1 b heißt es schließlich: „... unter besonderer Berücksichtigung **Norwegens.**"
Gehen Sie bei besonders wichtigen Materialien ins Detail und arbeiten Sie Inhalte konkret in Ihre Ausführungen ein, beispielsweise durch die Wiedergabe signifikanter Zahlenwerte oder durch den Einbau aussagekräftiger Zitate. Sie dienen der Verdeutlichung eigener Aussagen, aber auch zu ihrem Beleg. Es ist allerdings nicht nötig oder sinnvoll, jedes Detail zu nennen; Sie müssen vielmehr Akzente setzen. Also selektieren Sie das wirklich Wichtige: Extremwerte, Entwicklungen, Anomalien oder Singularitäten. Und noch einmal: Denken Sie hierbei immer an die sachlogischen Verknüpfungen mit dem Thema der Aufgabe. Gelegentlich kann es übrigens sinnvoll sein, ein Material kritisch zu hinterfragen. Das ist dann angebracht, wo Materialien eine bestimmte Wirkungsabsicht haben (Werbung, politische Statements) oder wo relevante Aspekte (bewusst?) unzureichend oder gar nicht dargestellt sind.

8. Notieren Sie relevante Fachausdrücke und arbeiten Sie sie an den entsprechenden Stellen ein.
Eine richtig verwendete Fachsprache spart Zeit und Text, bringt Inhalte „auf den Punkt" und schlägt sich am Ende auch zählbar in Punkten nieder, da sie zu den Kriterien der Leistungsbewertung gehört. Sie weisen nach, dass Sie die Fachtermini beherrschen und zielgerichtet anwenden können.
Am sinnvollsten ist es, schon bei der Materialbearbeitung die Fachausdrücke neben den Materialien zu notieren. So haben Sie auch eine Gedankenstütze für ihre spätere Verwendung, wenn Sie zum Schreiben/Formulieren Ihrer Aufgaben-Antworten übergehen.

9. Formulieren Sie einen griffigen Einstieg.
Beginnen Sie nie mit: „Wie die Karte M 2 zeigt ..." oder „Wie in Material M 1 zu sehen ist ..." – schlechter kann ein Anfang kaum sein! Ihr Einstieg sollte unbedingt eine inhaltliche Komponente haben:
- Oft ergibt sich diese durch die Aufforderung: „Lokalisieren Sie ..." Hierbei ist die beliebte Einordnung in das Gradnetz nur dann notwendig, wenn die Lage innerhalb der Breitenkreise für das Thema relevant ist – z. B. bei einem agrarischen Entwicklungsprojekt in den Tropen. In unserer Norwegen-Klausur dagegen macht eine solche Einordnung kaum Sinn. Hier ist eine Lagebestimmung wie in Version B (siehe S. 64: Schülerlösungen, Aufgabe 1 a) hinreichend.
- Der weitere Einstieg sollte noch einmal kurz den thematischen Schwerpunkt der Klausur bzw. der Aufgaben aufgreifen, in Aufgabe 2 unserer Klausur also z. B. die Bedeutung, die Erdöl und Erdgas für Norwegen und seine Entwicklung haben.

10. Gliedern Sie Ihre Ausführungen, setzen Sie Akzente und ziehen Sie ein Fazit.
Achten Sie darauf, dass Sie im Laufe der Klausur inhaltliche Akzente bzw. Schwerpunkte setzen, die in Verbindung mit dem jeweiligen Aufgabenthema stehen. Eine bloße Aneinanderreihung von Aussagen ermüdet den Leser und – was noch viel wichtiger ist – lässt nicht erkennen, wo sich besonders Wichtiges findet, weil dieses im Aufgelistenden untergeht.
Ein Fazit rundet im Prinzip alle Aufgaben ab. Besonders trifft dies jedoch auf die dritte, erörternde oder bewertende Aufgabe zu; sie verlangt quasi von ihrer inhaltlichen Anforderung her ein zusammenfassendes, pointiertes Fazit. Dieses Schlussfazit soll sich noch einmal auf das Klausur-Thema beziehen und es zum Beispiel wertend aufgreifen. Sie zeigen damit, dass Sie Übersicht über das Thema und das Raumbeispiel gewonnen haben.
Gliedern Sie Ihre Ausführungen auch formal. Setzen Sie vor allem dort Absätze, wo diese die inhaltliche Strukturierung unterstützen.

11. Schreiben Sie sprachlich fehlerfrei und sauber.
Man könnte meinen, das sei eine Selbstverständlichkeit. Dennoch hier einige kurze Tipps:
- Formulieren Sie in ganzen Sätzen. Stichwörter sind nur in Aufzählungen erlaubt.
- Verknüpfen Sie einzelne Inhaltsaspekte auch sprachlich (daher, andernfalls, dagegen, so, weil ...).
- Vermeiden Sie Umgangssprache, Phrasen und Floskeln.
- Benutzen Sie Fachbegriffe (siehe Punkt 8.).
- Bemühen Sie sich um ein leserliches Schriftbild.

12. Schauen Sie Ihre Klausur noch einmal im Gesamten durch.
Einen Blick sollten Sie werfen auf:
- die Rechtschreibung und Zeichensetzung,
- die grammatikalische Richtigkeit,
- die Formulierungen, ob sie problemadäquat und fachsprachlich korrekt sind,
- die Vollständigkeit im Vergleich mit ihren Notizen zu den Arbeitsaufträgen und Materialien.

3.3 Norwegen-Klausur: Unterschiedliche Schülerlösungen – Entsprechende Lehrerkommentare

Aufgabe	Schülerlösungen	Lehrerkommentare
1a	Version A **Die Nordsee liegt zwischen den Ländern** Großbritannien, Niederlande, Deutschland, Dänemark und Norwegen.	Für die Aufgabe unnötig, auch zu selbstverständlich
	Erdöl und Erdgas kommen in ihr nahezu überall vor.	Sachlich falsch
	Dabei befinden sich die norwegischen Fördergebiete **in der Mitte und im äußersten Norden**. Hinzu kommt noch eine Förderregion im Europäischen Nordmeer.	Sehr pauschal
	Version B Die norwegischen Förderregionen sind Teil der umfangreichen Öl- und Gasfelder in der Nordsee. Beginnend mit dem Ekofisk-Feld in der zentralen Nordsee ziehen sich die Öl- und Gas-Fördergebiete des skandinavischen Landes bis weit nach Norden ins Europäische Nordmeer hinein. In einem zweiten Abbaugebiet vor dem mittelnorwegischen Tjeldebergodden dominiert die Erdgasförderung.	Gut: eindeutige Akzentuierung Norwegens, konkrete Lageangaben
1b	Version A Karte 2 zeigt, dass die Förder-Regionen in der Nordsee zwischen **Norwegen und Schottland** beginnen und sich weit nach Süden erstrecken.	Aufgabe nicht mit einem Material beginnen Unnötig ungenau → Shetland-Inseln
	Hier werden Erdgas und vor allem Erdöl gefördert. **Ein Großteil davon liegt im norwegischen Nordseeteil.** Die südlichste Förderregion bilden die Erdgas-Felder bei Holland.	Fachsprache → Lage im Offshore-Bereich
	Dänemark und Deutschland haben nur einen geringen Anteil an der Förderung, **Großbritannien dagegen wieder einen höheren**. Verbunden sind die einzelnen Regionen durch ein dichtes Pipeline-Netz mit den jeweiligen Küsten der Förderstaaten.	Reihenfolge
	Seit ungefähr 1997 geht die Förderung in der Nordsee zurück. Das zeigen sowohl **die Angaben in der Karte als auch in Diagramm 1**. Seit 1974, als man nach der Ölkrise Alternativen zum arabischen Erdöl suchte, war zuerst lange Zeit ein Anstieg zu beobachten. Dabei dominierte anfangs Großbritannien, ab Ende der 1980er-Jahre dann Norwegen, was bis heute so geblieben ist.	Es fehlen hier und im Folgenden Zahlenwerte zur Verdeutlichung und zum Beleg Gut: Einbezug von Vorwissen (Ölkrise) Wdhg.
	2010 förderte man insgesamt nur noch rund die Hälfte der Menge von 1995/96.	Fachsprache → Überschreiten des Peak-Oil
	Im Vergleich zu diesen beiden Staaten spielen die anderen, wie gesagt, nur eine geringe Rolle. Hier sind nur Dänemark beim Erdöl (10,9 Mio. t im Jahr 2011) sowie die Niederlande beim Erdgas (1 730 Mrd. m^3) erwähnenswert.	Insgesamt müssten die Ausführungen, auch in den Bezügen auf das Material, gründlicher sein; und: Norwegen wird nicht stark genug akzentuiert (siehe Aufgabenstellung)
	Version B Teile der Nordsee stellen auch heute noch eine bedeutende Förderregion von Erdöl und Erdgas dar.	Gut: Es folgt eine gründliche Darstellung
	Karte M 2 macht deutlich, dass die Massierung der Förderung zwischen Südnorwegen und den Shetland-Inseln beginnt, sich **im** mittleren **Nordseebereich** bandartig nach Süden erstreckt und schließlich zwischen Südengland und den Niederlanden endet. In diesem südlichsten Raum beschränkt sich die Förderung allerdings ausschließlich auf Erdgas, während sonst eher Erdöl dominiert. Bedeutsam sind die eingezeichneten Grenzen, die die Zugehörigkeit zu den einzelnen Ländern verdeutlichen: Bis auf die Erdgasvorkommen vor der niederländischen Küste liegen die meisten Fördergebiete in britischen und in norwegischen Hoheitsgewässern. Diese beiden	Fachsprache → Offshore-Vorkommen

	Staaten dominieren also: Von fast 160 Mio. t Gesamtförderung an Öl (2011) förderten Großbritannien 52 und Norwegen sogar über 93 Mio. t. Führend ist Norwegen auch beim Erdgas. Hier war die Förderung im gleichen Jahr mit 101,4 Mrd. m³ fast so hoch wie die der Niederlande und Großbritanniens zusammen. Während Dänemark ebenfalls über nennenswerte Öl-Vorkommen verfügt, besitzt der – jedoch auch sehr kleine – deutsche Nordseeanteil kaum Erdöl oder Erdgas. Verbunden sind die einzelnen Regionen durch ein dichtes Pipeline-Netz mit den jeweiligen Küsten der Förderstaaten.	Gut: Zahlenbelege Treffende Akzentuierung der Position Norwegens
	Erdöl und Erdgas aus der Nordsee haben jedoch insgesamt eine wechselhafte Entwicklung erlebt (siehe Abbildung 1). Die Ölförderung begann nennenswert erst 1974, also nach der Ölkrise, als man Alternativen zum arabischen Öl suchte. Nach einem starken Förderanstieg in der ersten Dekade bis auf rund 170 Mio. t/a erfolgte in der Mitte der 1980er-Jahre eine kurze Stagnation. Danach stieg die Förderung jedoch bis 1996 auf über 250 Mio. t. In dem Jahr wurde der so genannte Peak Oil erreicht, also das absolute Fördermaximum. Seit 2000 sinkt die Gesamtförderung kontinuierlich und hat sich bis 2011 nahezu halbiert. Im ersten Jahrzehnt wurde die Förderung von Nordsee-Öl eindeutig von Großbritannien dominiert; an zweiter Stelle folgte mit Abstand Norwegen, während die übrigen Anrainerstaaten Dänemark, Niederlande und Deutschland nur eine ganz marginale Rolle spielten. Das änderte sich jedoch mit dem Förderanstieg Ende der 1980er-Jahre, indem Norwegen zum wichtigsten Förderland wurde und Großbritannien überholte. Diese Situation ist bis heute geblieben. Mehr als die Hälfte des Nordsee-Öls stammte 2011 aus norwegischen Fördergebieten (siehe M 2).	Gut: Gründliche Erläuterung Einarbeitung von Vorwissen (Ölkrise) Materialbezüge Gebrauch von Fachtermini Insgesamt ergibt sich eine gründliche Darstellung. Materialbezüge und Akzentuierungen sind stimmig; der Gebrauch der Fachsprache gelingt.
2	Version A	
	Die Anteile der einzelnen Sektoren am BIP 2010 (M 3) verdeutlichen die Bedeutung von Erdöl und Erdgas für Norwegen. Sie hatten einen Anteil von 19,8 %; also erwirtschafteten sie fast ein Fünftel des BIP. Nur private und gewerbliche Dienstleistungen waren mit 20,8 % noch höher.	Einstieg geht besser → Verknüpfung mit Aufgabe 1 herstellen
	Auch im folgenden M 4 (Text) wird die Bedeutung der beiden Energieträger für das Land deutlich. Erst **nach den ersten Funden von Öl und Gas im Jahr 1969 wandelte sich Norwegen vom Agrar- zum Industriestaat.**	Sehr auflistender Charakter mit dem ‚Abhaken' von Materialien → stattdessen inhaltliche Übergänge schaffen
	Das soll auch in Zukunft so bleiben, indem man Öl und Gas in der Arktis gewinnt.	Hier oder spätestens bei dem Eingehen auf Text M 6 (s. u.) einmal ein Zitat einarbeiten
	Die Tabelle M 5 bestätigt die bisherigen Aussagen zur Bedeutung durch eine Übersicht über die Einnahmen aus dem Öl- und Gasgeschäft. Sie haben sich von 2008 bis 2012 von 656 auf 723,4 Mrd. NOK erhöht. Allerdings ging der Gewinn von 2011 nach 2012 leicht zurück, beträgt aber immer noch fast 70 Mrd. NOK und liegt damit viel höher als z. B. 2009 und 2010.	
	Schließlich zeigt der Text M 6, wie Norwegen die Einkünfte aus den Öl- und Gasexporten nutzt. Man hat einen staatlichen Pensionsfonds angelegt, in dem man das Geld ‚sammelt'. 2012 befanden sich in ihm 499 Mrd. Euro für die Zeit Norwegens nach dem Ende der Ölförderung.	
	Erdöl und Erdgas haben also insgesamt die allergrößte Bedeutung für Norwegens Wirtschaft.	Fazit sehr einfach

	Version B Die in Aufgabe 1 geschilderten Vorkommen an Erdöl und Erdgas in der Nordsee haben eine enorme Bedeutung für die Entwicklung Norwegens (gehabt). Sie sorgten dafür, dass sich das Land seit 1969 vom Agrarstaat zu einem der höchst entwickelten und reichsten Staaten der Erde wandelte: „Der Fund [von Öl im Ekofisk-Feld] markierte eine Zeitenwende – weg von der Agrar- und hin zur Industriegesellschaft. Norwegen stieg zum European Player auf, ...“ (Text M 4) Zumindest seit den neuesten Funden in der Arktisregion plant man die Zukunft weiter mit den beiden fossilen Energieträgern, trotz der Gefahren für die Umwelt, die man befürchten muss (ebenfalls Text 4).	Gut: Anbindung an vorherige Aufgabe Unmittelbare Materialbezüge, wie hier Zitat
	Die folgenden Materialien M 5 und M 6 vertiefen, in Anknüpfung an den Text, die bis heute andauernde Bedeutung von Öl und Gas für Norwegen. Immerhin ein Fünftel des BIP entstand 2010 durch die Erdöl- und Erdgasförderung bzw. durch den Export dieser Energierohstoffe. Das war deutlich mehr, als der gesamte Sekundäre Sektor ausmachte (Industrie, Energie- und Wasserversorgung, Bauwirtschaft). Unterstützt wird dies durch die Umsatz- und Gewinnzahlen des staatlichen Konzerns Statoil von 2012. Umgerechnet über 87 Mrd. Euro Erlöse erzielte man bei einem Reingewinn von ca. 8,3 Mrd. Euro. Und alleine in den fünf Jahren von 2008 bis 2012 machten die Gewinne aus dem Öl- und Gasgeschäft rund 35 Mrd. Euro aus, trotz der Einbrüche in den Weltkrisenjahren 2008–2010. Mithilfe dieser Einnahmen hat Norwegen eine ökonomisch-sozial glänzende Gegenwart, was auch daran deutlich wird, dass das Land beim BIP/Kopf und auch beim HDI jeweils vorderste Ränge belegt.	Akzentuierungen Vergleich Umrechnung der NOK-Werte in Euro Erläuterungen Einbezug von Vorwissen
	Bei all dem spielt eine entscheidende Rolle, dass man die Öleinnahmen nicht nur für die Gestaltung der Gegenwart, sondern auch für die der Zukunft nutzt. In dem Bewusstsein, dass das Öl irgendwann doch einmal zu Ende gehen wird, hat man 1990 einen Staatsfonds gegründet („Ölfonds“, „Statens pensjonsfond“), in dem man überschüssige Gewinne sammelt und im Ausland anlegt. Bedenkt man die geringe Bevölkerungsgröße Norwegens (ich glaube ca. 5 Mio. Einwohner), so ist das Einlagevermögen mit rund einer halben Billion Euro (M 6) enorm hoch. Es entsprach 2012 fast 99 000 Euro je Einwohner. Damit sichert es die Zukunft Norwegens auf lange Zeiträume ab.	
	Wie eingangs gesagt und durch die Materialien bestätigt, ist die Bedeutung von Öl und Gas sowohl für den Umbruch Norwegens in den 1970er/80er-Jahren als auch für die Gestaltung von Gegenwart und Zukunft des Landes und seiner Menschen außerordentlich hoch.	Akzentuierte Zusammenfassung

3	Version A Die Frage ist nicht eindeutig zu beantworten. **Lange sah es so aus, als ob sich Erdöl und Erdgas für Norwegen überholt hätten und mit der Zukunft des Landes nur noch sehr wenig zu tun hätten.** Allerdings haben sie ja bisher **den staatlichen Pensionsfonds füllen geholfen.** Dass sie für die Zukunft jedoch wieder wichtig werden könnten, hängt mit den **neu entdeckten Vorkommen zusammen (siehe Text M 7).** Wenn man sie erschließt, werden die fossilen Energieträger Erdöl und Erdgas auch weiterhin Norwegen einen Reichtum bescheren und zur Zukunftssicherung beitragen. Es gibt allerdings Unklarheiten, z. B. hinsichtlich der Mengen der vorhandenen Reserven. Deshalb und auch weil die Umweltschützer protestieren, ist es bisher sehr unklar, wann man überhaupt mit einer Förderung beginnen wird.	Die Frage noch einmal wiederholen bzw. zitieren Richtig → aber: Warum? Hier noch einmal eine Zahl zur Verdeutlichung (siehe M 6) Zahlenbeispiel zur Verdeutlichung Argumentation sollte noch vollständiger sein Am Schluss einer solchen Erörterung muss ein zusammenfassendes Fazit stehen Insgesamt werden durchaus wichtige Aspekte erfasst, es mangelt aber an Gründlichkeit bzw. Vollständigkeit. Auch sollten die Materialbezüge stellenweise über den bloßen Materialverweis hinausgehen.
	Version B Die Antwort auf die Frage, ob „Norwegens Öl eine überholte wirtschaftliche Basis darstellt oder doch eine Zukunftssicherung“, hat eine zeitliche Dimension und ist deshalb nur bedingt mit Ja oder Nein zu beantworten. Noch bis vor wenigen Jahren hätte man sie aufgrund der Förderrückgänge eher so beantwortet, dass sich Norwegen bald nach anderen wirtschaftlichen Grundlagen umsehen müsste – also für die Zeit nach Öl und Gas. Und mit dem **staatlichen Pensionsfonds (siehe Aufgabe 2)** hat man ja für diese Zeit extrem gut vorgesorgt. Die Antwort hat sich jedoch scheinbar durch neue, große Lagerstättenfunde verändert, so dass das Zeitalter der fossilen Energieträger und ihres lukrativen Exports noch andauern kann. Ob es sich dabei aber wirklich um eine „Zukunftssicherung“ handelt, muss abgewartet werden. Dagegen sprechen vier Aspekte: Erstens wird der Beginn der Förderung noch dauern; zweitens vermutet man eher Erdgas als das noch lukrativere Erdöl; **drittens unterliegen die Schätzungen zu den Reserven großen Schwankungen**; und viertens schließlich werden Umweltschützer sicherlich versuchen, politischen Einfluss zu nehmen, um eine Förderung in naturgeschützten Regionen zu verhindern (siehe Text M 7). Für eine echte Prognose hinsichtlich einer weiteren stabilen, eventuell Jahrzehnte dauernden Öl- und Gasförderung gibt es also noch zu viele Unwägbarkeiten. Die Frage lässt sich also nicht ohne Weiteres mit Ja oder Nein beantworten. Aber auch wenn Erdöl und Erdgas für die Zukunft selbst keine große Rolle mehr spielen sollten, so haben sie doch Norwegen in die Lage versetzt, den äußerst hohen wirtschaftlichen und sozialen Entwicklungsstand zu halten.	Gut: Im Folgenden werden mögliche Aspekte differenziert gegenübergestellt Hier noch einmal eine Zahl zur Verdeutlichung (siehe M 6) Zahlenbeispiel zur Verdeutlichung Gut: Ziehen eines Fazits Insgesamt erfolgt eine sachbezogene Abwägung mit guten Argumenten. Die Materialbezüge sollten allerdings stellenweise über den bloßen Materialverweis hinausgehen.

3.4 Norwegen-Klausur: Bewertung der Schülerleistung mit einem Punkteschlüssel für zentrale Abituraufgaben (Nordrhein-Westfalen)

1. Bewerten Sie – unter Zuhilfenahme der fett gedruckten Textteile und der Lehrerkommentare in Kapitel 3.3 – die beiden zur Norwegen-Klausur abgelieferten Schülerleistungen, Version A und Version B.
a) inhaltlich-methodische Leistung

Aufgabe 1 a und b

	Anforderungen	Maximal erreichbare Punktzahl	Version A	Version B
	Der Prüfling			
1	lokalisiert die Förderregionen aufgabenbezogen (M 2).	3		
2	stellt die Verteilung der einzelnen Nordsee-Förderregionen auf die einzelnen Länder dar (M 2).	4		
3	weist auf die Anbindung der Förderregionen an das Festland durch Pipelines hin (M 2).	2		
4	charakterisiert die Anteile der verschiedenen Länder an der Förderung von Erdöl und Erdgas (M 1, M 2).	4		
5	beschreibt gründlich und vergleichend die Entwicklung der Förderung in den einzelnen Ländern (M 1, M 2).	6		
6	arbeitet die besondere Stellung Norwegens bei Nordsee-Öl und -Gas heraus (M 1, M 2).	3		
7	erfüllt ein weiteres aufgabenbezogenes Kriterium (3)[1].			
	Maximale Punktzahl Aufgabe 1	**22**		

[1] Hiermit ist gemeint, dass der Prüfling Ausführungen macht, die nicht in den „Anforderungen“ genannt sind, aber inhaltlich zur Aufgabenstellung passen. In der vorliegenden Aufgabe 1 kann das z. B. der Hinweis auf die Ölkrise 1974 sein. Die Zahl in Klammern ist die maximale Punktzahl, die man dem Prüfling hierfür geben kann. Die Gesamtpunktzahl, die sich aus den „Anforderungen“ ergibt (hier z. B. 22) darf allerdings nicht durch die Vergabe von Zusatzpunkten überschritten werden.

Aufgabe 2

	Anforderungen	Maximal erreichbare Punktzahl	Version A	Version B
	Der Prüfling			
1	formuliert die große Bedeutung von Öl und Gas für Norwegen als Einstiegsthese.	2		
2	arbeitet im Vergleich mit anderen Sektoren die Bedeutung von Öl und Gas für Norwegens BIP heraus (M 3).	5		
3	stellt dar, dass die Ölfunde von 1969 Auslöser des Wandels von der Agrar- zur Industriegesellschaft und hin zum „European Player“ gewesen sind (M 4).	4		
4	erläutert, dass Norwegens Reserven in der Arktis die Zukunft der Öl- und Gas-Förderung sichern sollen (M 4).	4		
5	weist auf die Umweltgefahren bei der Förderung dieser Vorkommen hin (M 4).	3		
6	analysiert die Zahlen zum Staatskonzern Statoil unter Einbezug der erkennbaren Schwankungen (M 5).	4		
7	kennzeichnet diese Zahlen als Beleg für die Bedeutung von Öl und Gas für Norwegen (M 5).	2		
8	stellt einen Zusammenhang zwischen den Öl- und Gas-Einnahmen sowie Norwegens Zukunftssicherung dar (M 5, M 6).	3		
9	erläutert Umfang und Aufgabe des staatlichen norwegischen Pensionsfonds als Zukunftsgarant (M 6).	5		
10	formuliert eine aufgabenbezogene Zusammenfassung.	2		
11	erfüllt ein weiteres aufgabenbezogenes Kriterium (4)[2].			
	Maximale Punktzahl Aufgabe 2	**34**		

[2] Siehe Anmerkung zu Aufgabe 1

Aufgabe 3				
	Anforderungen	**Maximal erreichbare Punktzahl**	**Version A**	**B**
	Der Prüfling			
1	formuliert einführend eine These zur Fragestellung.	3		
2	erkennt, dass die Beantwortung der Frage eine zeitlich-historische Dimension hat (M 4, M 7).	3		
3	stellt wesentliche Elemente dar, die auf eine „überholte wirtschaftliche Basis" schließen lassen, wie z. B. – Rückgang der besonders lukrativen Erdölförderung (M 1, M 2). – Schwankungen beim Nettogewinn der Öl- und Gas-Einnahmen, auch in Abhängigkeit von Wirtschaftskrisen (M 5). – Unsicherheiten bei den Reserve-Prognosen (M 7). – Widerstand von Umweltschützern gegen die Ausbeutung der Arktis-Reserven – Dominanz der weniger attraktiven Gas-Reserven.	8		
4	stellt dem wesentliche Elemente gegenüber, die eher auf eine „Zukunftssicherung" hinweisen, wie z. B. – schon jetzt aufgrund der bisherigen Einnahmen eine extrem hohe Summe im staatlichen Pensionsfonds (M 6). – in Anbetracht der geringen bevölkerungsmäßigen Größe des Landes hohe Pro-Kopf-Summe zur Zukunftsbewältigung. – Entdeckung großer Energiereserven im norwegischen Arktisbereich. – daher entgegen bisherigen Erwartungen kein Ende des fossilen Zeitalters mit norwegischen Öl- und Gas-Exporten.	7		
5	formuliert abschließend ein begründetes Urteil.	3		
6	erfüllt ein weiteres aufgabenbezogenes Kriterium (3)[3].			
	Maximale Punktzahl Aufgabe 3	**24**		

[3] Siehe Anmerkung zu Aufgabe 1

b) Darstellungsleistung für alle drei Aufgaben

	Anforderungen	**Maximal erreichbare Punktzahl**	**Version A**	**B**
	Der Prüfling			
1	strukturiert seinen Text schlüssig, stringent sowie gedanklich klar und bezieht sich dabei genau und konsequent auf die Aufgabenstellung.	5		
2	bezieht beschreibende, deutende und wertende Aussagen schlüssig aufeinander.	4		
3	belegt seine Aussagen durch angemessene und korrekte Nachweise (Zitate u. a.).	3		
4	formuliert unter Beachtung der Fachsprache präzise und begrifflich differenziert.	4		
5	schreibt sprachlich richtig (Grammatik, Orthographie, Zeichensetzung) sowie stilistisch sicher.	4		
	Maximale Punktzahl	**20**		

			Version A	**B**
	Maximale Punktzahl Klausur	**100**		
	Erreichte Punktzahl			
	Note (in Notenpunkten)			

Punkteschlüssel für die Benotung einer Zentralabitur-Klausur Erdkunde in Nordrhein-Westfalen

Note	Notenpunkte	erreichte Punktzahl	Note	Notenpunkte	erreichte Punktzahl
sehr gut plus	15	95–100	befriedigend minus	7	55–59
sehr gut	14	90–94	ausreichend plus	6	50–54
sehr gut minus	13	85–89	ausreichend	5	45–49
gut plus	12	80–84	ausreichend minus	4	39–44
gut	11	75–79	mangelhaft plus	3	33–38
gut minus	10	70–74	mangelhaft	2	27–32
befriedigend plus	9	65–69	mangelhaft minus	1	20–26
befriedigend	8	60–64	ungenügend	0	0–19

4 Klausurbausteine zum Üben

4.1 Beispielklausur (Bayern-Variante)

Strukturen im mexikanisch-amerikanischen Grenzraum

1. Auswertung einer Satellitenaufnahme des Grenzraumes zwischen USA und Mexiko bei der mexikanischen Stadt Tijuana (M 2)

a) Erstellen Sie eine Gliederung des Bildes, indem Sie die erkennbaren Raumeinheiten in eine beschriftete Skizze eintragen.

b) Beschreiben Sie diese Raumeinheiten.

2. Stellen Sie drei Maßnahmen dar, um dem Wassermangel im semiariden Grenzraum zwischen Mexiko und den USA zu begegnen, und zeigen Sie mögliche Schwierigkeiten bei der Umsetzung auf!

3. Erläutern Sie die in M 1 modellhaft dargestellte Verteilung von Bodenwert und Bevölkerungsdichte in lateinamerikanischen Metropolen!

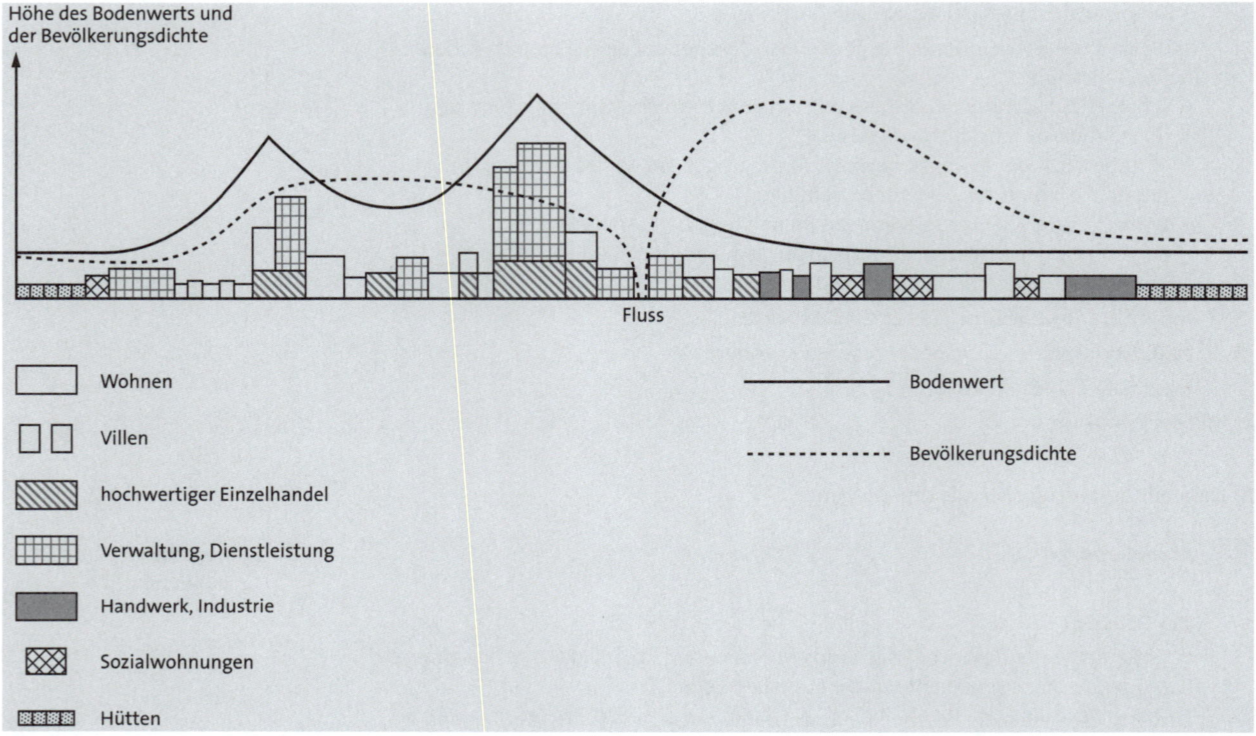

1 **Modellhafter Aufriss der lateinamerikanischen Stadt**

M 1 Nach Helmuth Köck (Hrsg.) Handbuch des Geographieunterrichts/Städte und Stadtsysteme. Köln 1992, Aulis S. 179

2 **Satellitenbildaufnahme des Grenzraumes zwischen USA und Mexiko bei der mexikanischen Stadt Tijuana**

Lösungshinweise

1a+b Erwartet wird eine sauber erstellte und beschriftete Skizze, aus der die Raumeinheiten klar hervorgehen, v.a.
- im linken oberen Bildteil: bewässerte landwirtschaftlich genutzte Flächen,
- in der oberen Bildmitte: US-amerikanische Stadtrandsiedlung mit großzügiger Einzelhausbebauung und Grünflächen,
- im rechten oberen Bildteil: Gewerbegebiet mit guter Verkehrsanbindung durch Highway,
- grenznah ungenutztes Trockengebiet entlang eines Flusses,
- in der unteren Bildhälfte: dicht bebautes Wohn- und Gewerbegebiet im typischen Schachbrettgrundriss der lateinamerikanischen Stadt mit abruptem Ende der Bebauung an der Landesgrenze.

2 Darstellen von Maßnahmen und Aufzeigen möglicher Schwierigkeiten, z. B.
- Errichten von Staudämmen an den grenznahen Flüssen zur Speicherung von Wasserüberschüssen, aber Gefahr der übermäßigen Wasserentnahme und von Nutzungskonflikten,
- in der Landwirtschaft Einsparen von Wasser, beispielsweise durch effizientere Bewässerungsmaßnahmen, aber oftmals fehlendes Know-how und Kapital,
- im privaten und gewerblichen Bereich Vorschriften zur Wassernutzung, aber Gefahr der mangelnden Akzeptanz durch die Bevölkerung und die Betriebe,
- Bau von Brunnen zur zusätzlichen Förderung von Grundwasser, aber Gefahr des weiteren Absinkens des Grundwasserspiegels mit steigenden Kosten für Trinkwasser und weiterer Verschärfung der Konkurrenzsituation.

3 Erläuterung der modellhaften Verteilung, v. a.
Bodenwert:
- höchster Bodenwert im Zentrum der Stadt aufgrund der Citybildung mit Tertiärisierung,
- Sekundärmaximum im Nebenzentrum durch Etablierung hochwertiger Dienstleistungsfunktionen und von Wohngebieten der Oberschicht,
- in den Randgebieten sinkender Bodenwert durch größere Flächenverfügbarkeit und geringere Attraktivität der Wohnlage in der Nähe von Industriezonen.

Bevölkerungsdichte:
- geringste Bevölkerungsdichte in den an die Plaza angrenzenden Gebäuden aufgrund vorherrschender Nutzung durch den Dienstleistungssektor,
- Maximum in der Mischzone aufgrund der niedrigen Mietpreise in den z. T. marginalisierten Wohngebieten,
- sekundäres Maximum im Bereich von Appartementblöcken aufgrund der Attraktivität des Siedlungsraumes durch die Nähe zu den Arbeitsplätzen im Nebenzentrum.

4.2 Beispielklausur (Baden-Württemberg-Variante)

Schüler der Jahrgangsstufe 13 haben die Bespielklausur zum Verstädterungsprozess in Entwicklungsländern, speziell in Tansania, bearbeitet. Im Folgenden finden Sie

- die Aufgabenstellung mit Materialien,
- das Beispiel einer Schülerlösung,
- die Lösungshinweise zu dieser Klausur,
- Beispiel einer Schülerlösung mit den Lehrerkommentaren.

Es handelt sich bei der Schülerlösung um reale Texte aus der Schulpraxis. Sie bieten Ihnen die Gelegenheit, mal selbst Korrekturanmerkungen anzubringen, über Verbesserungen in der Antwort und in der Darstellung nachzudenken und eine Bewertung abzugeben. Auf S. 76–77 finden Sie die Schülerlösung mit dem entsprechenden Lehrerkommentar.

Zur Arbeit mit der Beispielklausur bietet sich folgendes Vorgehen an:

1. Erarbeiten Sie zunächst für die Aufgaben 1 und 3 Ihre eigene Lösung.
2. Vergleichen Sie diese dann mit der vorgestellten Schülerlösung.
3. Tragen Sie in die rechte Spalte neben der Schülerlösung Ihre Kommentare ein.
4. Vergleichen Sie Ihre Lösung und Ihre Kommentare mit den Lösungshinweisen (S. 75) und den Lehrerkommentaren auf S. 76–77.

Die Vereinigte Republik Tansania gilt als eines der ärmsten Länder der Erde. Im Folgenden sollen Probleme des Verstädterungsprozesses in diesem Land untersucht und ein Lösungsansatz diskutiert werden.

1. Charakterisieren Sie die in Tabelle 3 und Grafik 4 dargestellte Situation.

2. In Daressalam leben etwa 70 Prozent der Einwohner in Marginalsiedlungen. Wie in vielen Großstädten der Entwicklungsländer sind somit auch hier Prozesse der Marginalisierung und die damit verbundene Zunahme des informellen Sektors zu beobachten.

Erstellen Sie ein Wirkungsgefüge zu den räumlichen, wirtschaftlichen und sozialen Problemen des städtischen Marginalisierungsprozesses in Entwicklungsländern.

3. Im Jahre 1974 wurde die Kleinstadt Dodoma (damals 20 000 Einwohner) anstelle von Daressalam zur Hauptstadt des Staates Tansania erklärt. Seitdem sind einige Ministerien und 1996 auch die Nationalversammlung dorthin umgezogen.

Erörtern Sie diese Verlegung der Hauptstadt.

Einwohnerzahl in Mio.	47,7
Verstädterungsgrad in %	27,0

3 Daten zur Bevölkerung in Tansania (2012)

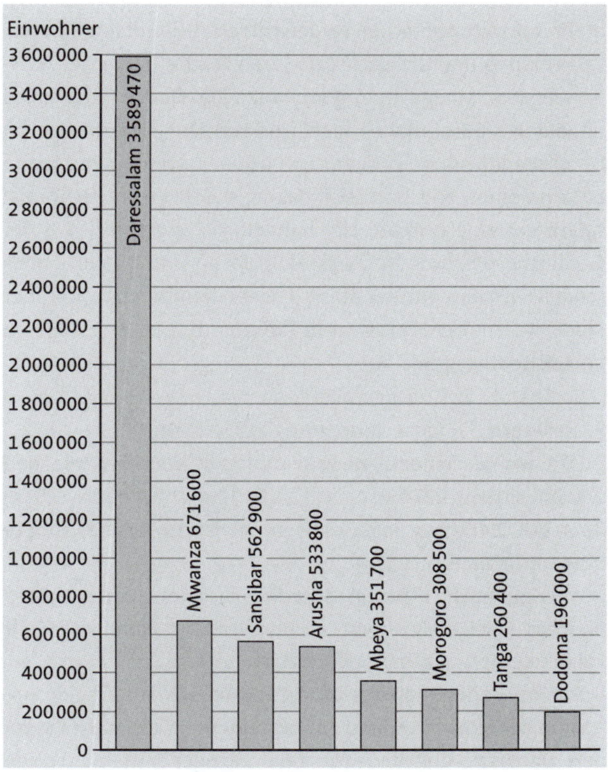

4 Einwohnerzahlen der größten Städte Tansanias (Zensus 2012)

Beispiel einer realen Schülerlösung

Eigene Kommentare – Anmerkungen – Bewertung

1. Charakterisieren Sie die in Tabelle 3 und Grafik 4 dargestellte Situation.

„In Tansania leben insgesamt 47,7 Mio. Menschen, wobei über 1/4 der Gesamtbevölkerung (27,0 %) in den Städten lebt, d. h. ca. 12,8 Mio. Menschen leben in Tansania in Städten. Dabei ist zu bemerken, dass die 12,8 Mio. Einwohner keinesfalls gleichmäßig auf die Städte verteilt sind, sondern dass vielmehr 3,5 Mio. Menschen in der früheren Hauptstadt Daressalam leben und die nächstgrößeren Städte (Mwanza, Arusha, Sansibar, Mbega, Morogoro, Tanga und Dodoma) nur noch ungefähr 1/10tel-mal so groß sind wie Daressalam, also im Durchschnitt nur noch über ca. 400 000 Einwohner verfügen.
Zusammenfassend lässt sich sagen, dass es sich bei Daressalam um eine primate city handelt, da ungefähr 7,5 % der Gesamtbevölkerung in Daressalam leben und da der Unterschied zwischen größter Stadt (Daressalam) und zweitgrößer Stadt (Arusha) enorm ist, d. h. Tansania besitzt einen hohen Verstädterungsgrad.“

3. Erörtern Sie diese Verlegung der Hauptstadt.

„1974 wurde Dodoma neue Hauptstadt von Tansania und obwohl sie seit 1974 von rund 20 000 Einw. auf heute (2012) über 200 000 Einw. angewachsen ist, ist sie erst 8. größte Stadt in Tansania.
Die Verlegung der Hauptstadt sollte v. a. Daressalam entlasten und das dortige Hyperwachstum dämmen, womit die Stadt völlig überbelastet war und noch ist.
Durch die Verlegung der Hauptstadt wollte man die Konzentration der Einwohner und Zuwanderer von Daressalam stoppen. Daressalam sollte nicht mehr einziger Mittelpunkt von Kultur, Verwaltung und Wirtschaft sein. Es konnten seit 1974 ja auch schon einige Erfolge verzeichnet werden. So zog auch 1996 die Nationalversammlung und einige Ministerien nach Dodoma. Dodoma gewinnt somit an Bedeutung und wird auch für die Menschen, die vom Land in die Stadt ziehen wollen, attraktiver. Ein größeres Angebot an Arbeitskräften und zudem noch ausreichende Flächenverfügbarkeit können dazu führen, dass neue Unternehmen ihren Standort nach Dodoma verlegen. Um dies zu unterstützen, kann es zu einer Verbesserung der Infrastruktur kommen. Verkehrswege werden ausgebessert und erneuert, Kanalisation gebaut und auch die Stromversorgung (für Industrie wichtig) muss gesichert werden. Ein steigendes Angebot an Schul- und Ausbildungsmöglichkeiten, da die Industrie ja ausgebildete Arbeitskräfte benötigt, trägt dazu bei, dass Dodomas Bedeutung für Wirtschaft und dessen Attraktivität steigt. Die Aussicht auf Schulbildung und Arbeit zieht wiederum Menschen an und die bisherige Polarisierung auf Daressalam würde geschwächt. Hinzu kommt, dass Dodoma auch für die weichen Standortfaktoren, d. h. Lebensqualität, Kultur, Freizeit ... etc. sorgen muss.
Im Ideal entsteht nun ein Kreislauf: Arbeitskräfte zieht Industrie an (verschiedene Wirtschaftszweige im Sekundären und Tertiären Bereich), was wiederum weitere Menschen anlockt usw.

Eigene Kommentare – Anmerkungen – Bewertung

Alles in allem betrachtet erkennt man meiner Meinung nach jedoch recht gut, dass sich all diese Pläne nur schwer in die Realität umsetzen lassen. Daressalam ist nach wie vor eine primate city, da Dodoma vermutlich auch das nötige Geld fehlt, um überhaupt eine ordentliche Grundlage für Wirtschaft und Einwohner zu schaffen (Entwicklungsland, eines der ärmsten der Welt). Aus dieser Sicht betrachtet ist es allerdings enorm, dass Dodoma innerhalb von 28 Jahren auf das 10-fache seiner ursprünglichen Größe angewachsen ist und auch sonstige wichtige Einrichtungen und Firmenhauptsitze bereits dorthin gezogen sind, was eine gute Grundlage bildet. Hieraus erkennt man, dass der Prozess der ‚Entpolarisierung' sehr mühsam und v. a. sehr langwierig ist, doch trotz allem notwendig, um das starke Bevölkerungsgefälle der Städte zu reduzieren, eine Überbelastung zu vermeiden und um den natürlichen Standortfaktoren entgegenzuwirken. Daressalam liegt am Meer und Dodoma weiter westlich im Gebirge, da Tansania zum größten Teil gebirgig ist."

Lösungshinweise

1. Charakterisieren Sie die in Tabelle 3 und Grafik 4 dargestellte Situation.

Die kleine Tabelle und das Säulendiagramm enthalten Angaben zur Bevölkerungs- und Siedlungsentwicklung in Tansania. Aus den Daten geht hervor, dass das Land mit einem Anteil der urbanen Bevölkerung an der Gesamteinwohnerzahl von 27,0 Prozent erst einen geringen Verstädterungsgrad aufweist. Unter den Städten fällt die Dominanz der Millionenstadt Daressalam ins Auge.

Kennzeichen der Verstädterung Tansanias ist also die Metropolisierung, die Ballung großer Bevölkerungsteile in einer Primate City. Die Dominanz der Metropole Daressalam ist zum einen ablesbar an deren hohem prozentualen Anteil an der gesamten Landesbevölkerung. Diese „demografische primacy" beträgt 7,5 Prozent. Der „Index of primacy", der als Quotient aus der Einwohnerzahl der größten und der zweitgrößten Stadt eines Landes berechnet wird und eine weitere Messgröße für die Metropolisierung darstellt, liegt in Tansania bei dem Wert 6,72.

2. Erstellen Sie ein Wirkungsgefüge zu den räumlichen, wirtschaftlichen und sozialen Problemen des städtischen Marginalisierungsprozesses in Entwicklungsländern.

Siehe hierzu das Lösungsbeispiel beim Operator „Erstellen" (S. 14, M5).

3. Erörtern Sie diese Verlegung der Hauptstadt.

Der Operator „Erörtern" verlangt, dass zu der vorgegebenen Problemstellung – Motive und Folgen der Hauptstadtverlegung – zunächst Für- und Wider-Argumente gegenübergestellt werden. Dabei können folgende Vor- und Nachteile bzw. erwartete positive wie negative Auswirkungen der vollzogenen Hauptstadtverlegung angesprochen werden:

mögliche Vorteile bzw. erwartete positive Folgen	**mögliche Nachteile bzw. erwartete negative Folgen**
– Abwendung von der kolonial geprägten Küstendominanz – Entwicklungsimpuls für wirtschaftsschwaches Hinterland durch Investitionen und Schaffung von Arbeitsplätzen in der neuen Hauptstadt – Ausbau der Infrastruktur in einem bisher schwach entwickelten Raum – dadurch Reduzierung der Abwanderung aus dem ländlichen Raum – Abschwächung der Metropolisierungstendenz und Verringerung der damit verbundenen Probleme	– Wegen Küstenferne Standortnachteil durch hohe Transport- und Beförderungskosten – hohe Kosten für Ausbau der neuen Hauptstadt und der (Verkehrs-)Infrastruktur – Dualismus zwischen wirtschaftlicher Metropole (Daressalam) und Hauptstadt (Dodoma) – Beeinträchtigung des Erfolgs dieser Maßnahme wegen Persistenz der Verwaltung (Verlagerung bereits 1974, bis heute aber Fortschreiten des Metropolisierungsprozesses)

Die gesammelten Aspekte sind zu gewichten und zu bewerten. In einem schlüssigen Argumentationsgang soll daraus ein begründetes eigenständiges Urteil entwickelt werden.

Beispiel einer realen Schülerlösung mit den realen Lehrerkommentaren

1. Charakterisieren Sie die in Tabelle 3 und Grafik 4 dargestellte Situation.

„In Tansania leben insgesamt 47,7 Mio. Menschen, wobei über 1/4 der Gesamtbevölkerung (27,0 %) in den Städten lebt, d. h. ca. 12,8 Mio. Menschen leben in Tansania in Städten. Dabei ist zu bemerken, dass die 12,8 Mio. Einwohner keinesfalls gleichmäßig auf die Städte verteilt sind, sondern dass vielmehr 3,5 Mio. Menschen in der früheren Hauptstadt Daressalam leben und die nächstgrößeren Städte (Mwanza, Arusha, Sansibar, Mbega, Morogoro, Tanga und Dodoma) nur noch ungefähr 1/10tel-mal so groß sind wie Daressalam, also im Durchschnitt nur noch über ca. 400 000 Einwohner verfügen. Zusammenfassend lässt sich sagen, dass es sich bei Daressalam um eine primate city handelt, da ungefähr 7,5 % der Gesamtbevölkerung in Daressalam leben und da der Unterschied zwischen größter Stadt (Daressalam) und zweitgrößer Stadt (Arusha) enorm ist, d. h. Tansania besitzt einen hohen Verstädterungsgrad."

3. Erörtern Sie diese Verlegung der Hauptstadt.

„1974 wurde Dodoma neue Hauptstadt von Tansania und obwohl sie seit 1974 von rund 20 000 Einw. auf heute (2012) über 200 000 Einw. angewachsen ist, ist sie erst 8. größte Stadt in Tansania.

Die Verlegung der Hauptstadt sollte va. Daressalam entlasten und das dortige Hyperwachstum dämmen, womit die Stadt völlig überbelastet war und noch ist.

Durch die Verlegung der Hauptstadt wollte man die Konzentration der Einwohner und Zuwanderer von Daressalam stoppen. Daressalam sollte nicht mehr einziger Mittelpunkt von Kultur, Verwaltung und Wirtschaft sein. Es konnten seit 1974 ja auch schon einige Erfolge verzeichnet werden. So zog auch 1996 die Nationalversammlung und einige Ministerien nach Dodoma. Dodoma gewinnt somit an Bedeutung und wird auch für die Menschen, die vom Land in die Stadt ziehen wollen, attraktiver. Ein größeres Angebot an Arbeitskräften und zudem noch ausreichende Flächenverfügbarkeit können dazu führen, dass neue Unternehmen ihren Standort nach Dodoma verlegen. Um dies zu unterstützen, kann es zu einer Verbesserung der Infrastruktur kommen. Verkehrswege werden ausgebessert und erneuert, Kanalisation gebaut und auch die Stromversorgung (für Industrie wichtig), muss gesichert werden. Ein steigendes Angebot an Schul- und Ausbildungsmöglichkeiten, da die Industrie ja ausgebildete Arbeitskräfte benötigt, trägt dazu bei, dass Dodomas Bedeutung für Wirtschaft und dessen Attraktivität steigt. Die Aussicht auf Schulbildung und Arbeit zieht wiederum Menschen an und die bisherige Polarisierung auf Daressalam würde geschwächt. Hinzu kommt, dass Dodoma auch für die weichen Standortfaktoren, dh. Lebensqualität, Kultur, Freizeit ... etc. sorgen muss.

Lehrerkommentare – Anmerkungen – Bewertung
[inhaltlich – sprachlich]

ungenau Rechtschreibung/Zeichensetzung

ungenau

gut

Schlussfolgerung unlogisch, falscher Fachbegriff
insgesamt eine Darstellung mit Ungenauigkeiten und demzufolge ohne klare Charakterisierung

unglücklicher Einstieg in eine Erörterung

Rechtsschreibung/Zeichensetzung

gut

Grammatikfehler
o.k.

gut
Ausdruck

Ausdruck

Rechtschreibung/Zeichensetzung

Im Ideal entsteht nun ein Kreislauf: Arbeitskräfte zieht Industrie an (verschiedene Wirtschaftszweige im Sekundären und Tertiären Bereich), was wiederum weitere Menschen anlockt usw.

Ausdruck – Grammatikfehler
Logik: Ziehen die Arbeitskräfte die Industrie an oder umgekehrt?

Alles in allem betrachtet erkennt man meiner Meinung nach jedoch recht gut, dass sich all diese Pläne nur schwer in die Realität umsetzen lassen. Daressalam ist nach wie vor eine primate city, da Dodoma vermutlich auch das nötige Geld fehlt um überhaupt eine ordentliche Grundlage für Wirtschaft und Einwohner zu schaffen (Entwicklungsland, eines der ärmsten der Welt). Aus dieser Sicht betrachtet ist es allerdings enorm, dass Dodoma innerhalb von 28 Jahren auf das 10-fache seiner ursprünglichen Größe angewachsen ist und auch sonstige wichtige Einrichtungen und Firmenhauptsitze bereits dorthin gezogen sind, was eine gute Grundlage bildet. Hieraus erkennt man, dass der Prozess der „Entpolarisierung" sehr mühsam und va. sehr langwierig ist, doch trotz allem notwendig, um das starke Bevölkerungsgefälle der Städte zu reduzieren, eine Überbelastung zu vermeiden und um den natürlichen Standortfaktoren entgegenzuwirken. Daressalam liegt am Meer und Dodoma weiter westlich im Gebirge, da Tansania zum größten Teil gebirgig ist."

gut

gut

ungenau

Fachsprache?
Rechtschreibung/Zeichensetzung

Insgesamt fehlt eine klare Pro- und Kontra-Struktur. Im Fazit bzw. Urteil werden zwar einige der angeführten Argumente gewichtet, aber es werden auch neue Gesichtspunkte vorgebracht, die in der vorangegangenen Erörterung noch gar nicht erwähnt worden sind („das nötige Geld fehlt" – „den natürlichen Standortfaktoren entgegenzuwirken").

4.3 Beispielklausur (Berlin/Brandenburg-Variante)

Im Folgenden finden Sie einen Ausschnitt aus einer Beispielklausur aus Berlin/Brandenburg. Es handelt sich um die Aufgabe 3 mit den entsprechenden Materialien 6 und 7. Material 5 liefert Ihnen zusätzliche Informationen, die die Bearbeitung der Aufgabe erleichtern.

Da es sich um eine Aufgabe des Anforderungsbereichs III handelt, ist eine Übung mit diesem Baustein sinnvoll, auch wenn Sie aus einem anderen Bundesland kommen. Denn dieser Anforderungsbereich muss überall abgedeckt werden!

1 Bearbeiten Sie die Aufgabe 3.
2 Vergleichen Sie anschließend Ihre Ausführungen mit den Lösungshinweisen.
3 Schließen Sie eventuelle inhaltliche oder methodische (Analyse von Tabellen und Texten) Lücken mithilfe Ihres Lehrbuchs.

Ghana – mit Kakao auf die Schokoladenseite?

1. …
2. …
3. Überprüfen Sie, inwieweit Kakaoproduktion nach dem Fairtrade-Konzept zur nachhaltigen Entwicklung Ghanas beitragen kann.

Jahr	Jahresanfang	Ende II. Quartal	Ende III. Quartal	Jahresende	Veränderung gegenüber Vorjahr (in %)
2010	2 250,00	2 594,00	1 786,00	2 017,00	–10,36 %
2009	1 781,00	2 309,00	1 578,00	2 250,00	26,33 %
2008	1 043,00	1 832,00	1 068,00	1 781,00	70,76 %
2007	0,00	1 141,00	868,00	1 043,00	0,00 %
2006	911,00	1 065,00	k. A.	k. A.	k. A.
2005	844,00	986,00	782,00	911,00	7,94 %
2004	893,00	993,00	746,00	844,00	–5,49 %
2003	1 307,00	1 530,00	844,00	893,00	–31,68 %
2002	973,00	1 613,00	967,00	1 307,00	34,33 %
2001	582,00	1 012,00	580,00	973,00	67,18 %
2000	568,00	666,00	553,00	582,00	2,46 %
1999	907,00	938,00	528,00	568,00	–37,38 %
1998	1 082,00	1 156,00	860,00	907,00	–16,17 %
1997	880,00	1 150,00	831,00	1 082,00	22,95 %

5 Entwicklung des Kakao-Preises 1997 – 2010 (in Euro je Tonne)

Handel	Soziales	Umwelt
– garantierte Mindestpreise	– bessere Arbeitsbedingungen (Verbot von Kinderarbeit)	– gentechnikfreies Saatgut
– zusätzliche Fairtrade-Prämien	– Gemeinschaftsprojekte	– begrenzter Einsatz von Chemikalien
– langfristige Handelsbeziehungen	– Organisation der Kleinbauern unter demokratischer Führung	– umweltschonender Anbau
– Vorfinanzierungsmöglichkeiten	– Transparenz	

6 Fairtrade-Standards für Kakao

M 5 http://www.boerse.de/historische-kurse/Kakao/XD0002742035, Zugriff 15.6.2014

M 6 Zusammenstellung nach: http://www.fairtrade.at/thema=fairtrade&zo=rohstoffe&th=Kakao, Zugriff 5.9.2010 und http://www.transfair.org/produzenten/kakao/fairtrade-standards.html?tx_jppageteaser_pi1[backId]=61, Zugriff 4.9.2010

M 7 Gekürzt nach: http://www.oeko-fair.de/index.php/cat/845/title/Fairer_Kakao_aus_Ghana%3A_Kuapa_Kokoo_Cocoa, Zugriff 5.9.2010

Kuapa Kokoo (Guter Kakao) ist eine solche Fairtrade-Genossenschaft. Sie wurde 1993 gegründet und hat inzwischen ca. 45 000 Mitglieder. Es sind Kleinbauern, die jährlich 5 bis 6 Säcke Kakao ernten.
Noch immer hält der ghanaische Staat ein von Korruption geprägtes Kakaomonopol. Allein der Zwischenhandel wurde Anfang der 1990er-Jahre liberalisiert, woraufhin die Kuapa Kokoo Union (KKU) als erste Organisation ihrer Art entstand. Sie genießt ein Sonderrecht: Im Fairen Handel darf sie den Kakao direkt an die Exporteure verkaufen. Für diesen Kakao erzielt die Genossenschaft etwa 15 Prozent mehr Geld und kann allen Mitgliedern mehr auszahlen, obwohl der Anteil des Fairen Handels mit sieben bis acht Prozent an der Gesamtproduktion der Genossenschaft ausbaufähig ist.
Mit den zusätzlichen Fairtrade-Einnahmen wurden bereits Brunnen, Schulen, Maismühlen oder Bildungsprojekte finanziert. Besonderen Wert legten die Bauern in diesem Zusammenhang auf die Anschaffung eigener Waagen, denn von den staatlichen Wiegestellen fühlten sie sich allzu oft betrogen.
Vom Preis einer handelsüblichen Tafel (Schokolade) bekommen die Bauern nur einen Bruchteil (rund drei Cent). Aber unmittelbar in die Schokoladenherstellung zu expandieren, ist für sie aussichtslos – jedenfalls schien es lange Zeit so. Denn Kuapa Kokoo fand einen bemerkenswerten Weg, von der Wertschöpfungskette der Schokoladenherstellung zu profitieren: Als Hauptanteilseigner der 1997 in Großbritannien gegründeten Schokoladenfirma „Divine Chocolate Limited" steht den Bauern in der KKU die Rendite aus dem Verkauf der „Divine Fairtrade"-Schokolade zu. Die Bauern halten heute 45 Prozent der Firmenanteile.

7 Fairer Kakao aus Ghana: Kuapa Kokoo Cocoa

Lösungshinweise

Folgende Aspekte soll die Lösung der Aufgabe 3 enthalten:

- „Nachhaltige Entwicklung" ist hier umfassend gemeint; erfasst werden die Dimensionen ökonomisch, sozial, ökologisch (siehe z. B. M 6).

- Die Weltmarktpreise für Kakao haben zwar von 1997 bis 2010 deutlich zugenommen von 1082 auf 2017 Euro je Tonne (jeweils am Jahresende, M 5). Dieser grundsätzlich positive Aspekt für die Kakaobauern wird jedoch durch das starke Schwanken der Preise von Jahr zu Jahr, ja sogar von Quartal zu Quartal, massiv beeinträchtigt. Das erschwert die Planungssicherheit, z. B. bei Investitionen.

- Die Vorteile einer Fairtrade-Produktion liegen auf der Hand (M 6). Für die Kakao-Bauern am wichtigsten sind wohl die garantierten Preise beim Handel bzw. Export. Langfristige Beziehungen und Verträge machen sie unabhängig von den jährlichen Preisschwankungen und schaffen so sichere Einkommen und Planungsmöglichkeiten. Im sozialen Bereich ist neben dem Verbot von Kinderarbeit besonders die demokratische Organisation der Kleinbauern von Bedeutung. Das stärkt ihre Position gegenüber den Großgrundbesitzern und Unternehmen mit ihrem großflächigen Plantagenanbau. Im ökologischen Bereich schließlich ist die Fairtrade-Produktion umweltschonender, da auf gentechnisch verändertes Saatgut verzichtet und der Einsatz von Chemikalien zurückgefahren wird. Letzteres schont u. a. den Boden und das Grundwasser.

- Eingeschränkt wird dieses positive Urteil allerdings durch die Tatsache, dass der Anteil des Fairtrade an der Gesamtproduktion gering ist. Das belegt das Beispiel der Genossenschaft Kuapa Kokoo Union (KKU), wo er gerade einmal bei „sieben bis acht Prozent" liegt (M 7). Auch die Gewinnspannen sind klein, wenn man bedenkt, dass der Anteil eines Genossenschaftsbauerns am Preis einer handelsüblichen Tafel Schokolade nur drei Cent beträgt.

- Überprüft man den Beitrag, den das „Fairtrade-Konzept zur nachhaltigen Entwicklung Ghanas" leisten kann, so stellt Fairtrade grundsätzlich einen sinnvollen ökonomischen, sozialen und ökologischen Ansatz dar. Das ist besonders dann der Fall, wenn die Kakaobauern an den Verarbeitungsunternehmen selbst beteiligt werden, wie dies im Beispiel von „Divine Chocolate Limited" deutlich wird: „Als Hauptanteilseigner der 1997 in Großbritannien gegründeten Schokoladenfirma ‚Divine Chocolate Limited' steht den Bauern in der KKU die Rendite aus dem Verkauf der ‚Divine Fairtrade'-Schokolade zu." – also nicht nur drei Cent je Tafel! Dieser positive Aspekt wird verstärkt durch den grundsätzlich steigenden Welt-Bedarf an Kakao, der sich in den steigenden Preisen widerspiegelt.

- Allerdings muss man auch sagen, dass das Fairtrade-Konzept alleine die Probleme nicht lösen kann. Es müsste eingebunden sein in grundsätzliche strukturelle Veränderungen, wie sie für viele Entwicklungsländer notwendig wären: Bekämpfung der Ungerechtigkeit und Korruption (siehe M 7, Wiege-Beispiel), Veränderung der Besitzstrukturen im ländlichen Raum, Stärkung der Landbevölkerung durch Bildung etc.

5 Sicher in die mündliche Abiturprüfung

5.1 Vier wichtige Fragen für ein planvolles Vorbereiten

Statt für eine Abitur-Klausur wird mancher das Fach Geographie für die mündliche Abiturprüfung wählen. Die folgenden Seiten können Ihnen helfen, hier wichtige Notenpunkte zu gewinnen, denn der Erfolg bei der mündlichen Prüfung hängt, wie bei einer Klausur, wesentlich von einer sachgerechten und effizienten Vorbereitung ab. Das Kapitel gibt Ihnen dazu zuerst einige Informationen und Tipps und bietet Ihnen anschließend die Möglichkeit, an einem Musterbeispiel zu üben.

Was wird in der mündlichen Prüfung verlangt?
Die Aufgaben in der mündlichen Abiturprüfung sind so angelegt, dass Sie einerseits Ihre im Unterricht erworbenen inhaltlichen und methodischen Kenntnisse einbringen können. Andererseits dürfen die Aufgaben aber im Unterricht nicht so weit vorbereitet sein, dass Sie ausschließlich reproduktiv sind. Eine selbstständige Leistung des Prüflings muss erkennbar sein!
Das klingt nicht nur anspruchsvoll, sondern ist es auch. Aber: Grundsätzlich wird von Ihnen in der mündlichen Prüfung nichts gänzlich Neues verlangt. Die Aufgaben sind so angelegt, dass Sie entweder an einem unbekannten Raumbeispiel oder aber an unbekannten Materialien geographische Sachverhalte darstellen sollen, die im Unterricht besprochen und erarbeitet wurden. Um dies zu gewährleisten, sind die Prüfungen nach einem bestimmten Schema angelegt. Das erleichtert Ihnen die Bearbeitung und ermöglicht Ihnen eine gezielte Vorbereitung.

Wie ist die mündliche Abiturprüfung aufgebaut?
Wie läuft sie ab?
Informieren Sie sich rechtzeitig bei Ihrem Fachlehrer über den Ablauf und über etwaige besondere Modalitäten. Das gibt Ihnen frühzeitig Sicherheit und Ruhe.
Die Vorgaben für die Prüfungszeit sind nach Bundesländern unterschiedlich. Im Durchschnitt beträgt sie 20 bis 30 Minuten. Etwa gleich lang ist die Vorbereitungszeit angesetzt.

Die Prüfung selbst gliedert sich in zwei Teile:

Erstens: der Prüfungsvortrag. Hier müssen Sie die Lösung einer in der Vorbereitungszeit bearbeiteten Aufgabe selbstständig und zusammenhängend vortragen. Ausgangspunkt ist also eine vom Umfang her begrenzte, schriftlich vorliegende Aufgabe, die eine konkrete Materialarbeit bzw. -analyse verlangt. Dabei handelt es sich um klassische geographische Arbeitsmaterialien wie eine Thematische Karte, ein Diagramm, einen Text etc., wie Sie sie im Unterricht schon oft bearbeitet haben.
Wie in der Klausur wird auch in der mündlichen Prüfung eine Abdeckung der drei Anforderungsbereiche verlangt. Die erste Aufgabe wird also einen beschreibenden Charakter haben, z. B.:
1. Beschreiben Sie einzelne stadtgenetische Phasen von Koblenz. (Vorliegendes Material z. B.: eine Grundrisskarte der Stadt Koblenz, Rheinland-Pfalz)

Darauf aufbauend könnte in einer zweiten Aufgabe im Sinne von Anforderungsbereich II gefordert werden, das in Aufgabe 1 Beschriebene in seiner Entstehung zu erläutern, also unterrichtliches Grundwissen zur Genese mitteleuropäischer Städte anzuwenden, z. B.:
2. Erläutern Sie anhand von zwei ausgewählten städtischen Teilräumen die Ursachen, die zum heutigen Erscheinungsbild geführt haben. (Vorliegendes Material neben der Grundrisskarte z. B.: Text zur Geschichte und Entwicklung von Koblenz, Diagramm zu seiner Bevölkerungsentwicklung vom Mittelalter bis heute)

Da das Prüfungsthema so angelegt sein muss, dass bei seiner Bearbeitung 15 Punkte erreichbar sind, muss eine weitere Aufgabe den dritten Anforderungsbereich abdecken. Sie muss also den Charakter einer Stellungnahme, einer Erörterung, einer Beurteilung bzw. Bewertung oder eines Vergleichs haben, z. B.:
3. „Zum Verständnis heutiger Strukturen, Probleme und Prozesse in der Stadt und Stadtplanung muss man die Genese der Städte kennen." Nehmen Sie, auf der Basis der vorherigen Aufgaben, Stellung zu dieser Aussage. (Da die Stellungnahme auf der Grundlage der vorherigen Aufgaben sowie von im Unterricht behandelten städtischen Fallbeispielen erfolgt, ist hier kein weiteres Material nötig.)

Zweitens: das Prüfungsgespräch. In ihm werden vor allem größere fachliche Zusammenhänge angesprochen, in die Sie das im Unterricht erlernte Vorwissen einbringen sollen. Da es sich um ein Wechselgespräch handelt, verlangt der zweite Teil mehr Spontaneität sowie die Fähigkeit, auf Denkanstöße des Prüfers einzugehen und dessen Impulse fortzuführen. Gefragt ist hier also besonders Ihre Dialogfähigkeit. Alles das sollte jedoch im alltäglichen Unterricht genügend eingeübt worden sein, so dass auch in diesem Teil nichts grundsätzlich Neues von Ihnen verlangt wird.

In den meisten Bundesländern gilt die Vorschrift, dass die mündliche Prüfung mindestens die Inhalte zweier Kurshalbjahre der Qualifikationsphase abdecken muss. Deshalb wird der Prüfer im zweiten Teil Themen aus einem weiteren Kurshalbjahr ansprechen. Das könnte in diesem Fall z. B. der Themenbereich „Raumwandel durch wirtschaftliche Prozesse" sein mit Inhalten wie beispielsweise Standortfaktoren und ihr Wertwandel, Entstehung altindustrieller Räume, Strukturwandel von Industrieräumen, räumliche Wirkungen der Tertiärisierungsprozesse, Tourismus und Raumentwicklung oder Ähnliches.

Wie nutze ich die Zeit im Vorbereitungsraum?

Anhand der Klausur in Kapitel 3 haben Sie bereits üben können, wie Sie richtig bei der Bearbeitung von gestellten Aufgaben vorgehen. Diese Erfahrungen können Sie uneingeschränkt auch für die mündliche Prüfung verwenden. Folgende Arbeitsschritte sind die Grundlage zum Erfolg:

1. Erfassen der Aufgabenstellung: Sie müssen die Aufgabe genau durchlesen und alle Komponenten beachten, die im Einzelnen zum Thema genannt sind. Markieren Sie diese! Vor allem die Operatoren müssen Ihnen so geläufig sein, dass Sie bei den einzelnen Aufgaben ohne langes Überlegen gleich den richtigen Weg einschlagen.

2. Auswertung der Materialien: Das Material ist nur unter dem in der Aufgabe genannten Blickwinkel zu untersuchen. Machen Sie es sich also nicht selbst schwer und greifen Sie nur die Informationen heraus, auf die die Arbeitsaufträge abzielen. Auch hier: Markieren Sie Wichtiges!

3. Anfertigung von Notizen: Halten Sie am Ende die Ergebnisse Ihrer Auswertungen in Stichpunkten fest. Bedenken Sie, dass Sie keine Zeit für Ausformulierungen haben und dass ein möglichst freier Vortrag von Ihnen erwartet wird, für den die Beschränkung auf Stichwörter ohnehin sinnvoll ist.

Kann man das mündliche Abitur üben?

Eindeutig: Ja. Neben dem Lernen des Stoffes und dem Anwenden von Methoden ist besonders das Darstellungsvermögen wichtig. Dieses aber kann man trainieren, z. B. durch Fachgespräche mit Mitschülern oder durch kleine Vorträge, die Sie sich selbst, Ihren Eltern oder Mitschülern und Mitschülerinnen halten. Wählen Sie dazu ein gängiges, begrenztes geographisches Unterrichtsthema aus, wie beispielsweise „Das Zustandekommen des anthropogenen Treibhauseffekts" oder „Die Dimensionen und Antriebskräfte des Globalisierungsprozesses" oder Ähnliches. So stellen Sie nicht nur fest, ob Sie den Stoff wirklich verstanden haben, sie verbessern auch gleichzeitig Ihre rhetorischen Fähigkeiten. Besonders hilfreich kann es auch sein, eine mündliche Abiturprüfung (vor allem den ersten Teil) einmal zu simulieren. Wenn Ihr Kurslehrer diese Möglichkeit im Unterricht anbietet, nutzen Sie sie! Bitten Sie ihn andernfalls, den Kursteilnehmern, die sich für die mündliche Prüfung entschieden haben, diese Möglichkeit zu geben.

5.2 In Kürze: Elf Prüfungs-Tipps

1. Gehen Sie davon aus, dass die Prüfungskommission Ihnen grundsätzlich wohlwollend gesonnen ist; das beseitigt Ängste.

2. Scheuen Sie sich nicht, Rückfragen zu stellen, wenn Sie eine Frage des Prüfers nicht verstanden haben.

3. Sprechen Sie langsam und mit Betonung.

4. Vermeiden Sie typische Prüfungsausreden wie „Das lag mir eben noch auf der Zunge."

5. Verwenden Sie die Fachsprache; ein an der richtigen Stelle eingesetzter Fachbegriff erspart umständliche oder ungenaue Umschreibungen und zeigt gleichzeitig Kompetenz.

6. Unterlassen Sie Übertreibungen (wie Superlative) und bleiben Sie inhaltlich und sprachlich auf einer sachlichen Ebene.

7. Schweifen Sie nicht ab, sondern gehen Sie jeweils konkret auf die Aufgabenstellungen ein.

8. Gliedern Sie Ihren Vortrag, indem Sie deutlich zwischen den einzelnen Teilen Ihrer Ausführungen trennen, z. B.: „So weit meine Ausführungen zur ersten Aufgabe. Jetzt möchte ich mit dem zweiten Arbeitsauftrag beginnen, nämlich der Erläuterung der Ursachen ..."

9. Unterstützen bzw. visualisieren Sie Ihre Ausführungen gegebenenfalls durch eine kleine Tafelskizze; das sollten Sie aber nur dann tun, wenn Sie sich in Ihrer Darstellung und in Ihrem Vortrag sicher sind und Sie nicht das Gefühl haben, hierdurch vielleicht den Faden zu verlieren.

10. Veranschaulichen Sie abstrakte Zahlenwerte durch Vergleichswerte („Das entspricht in etwa der Einwohnerzahl Berlins.") oder wandeln Sie sie in Prozentwerte um („Das sind also mehr als 70 % aller Beschäftigten, die im Tertiären Sektor arbeiten.")

11. Begründen Sie – sowohl im ersten als auch im zweiten Prüfungsteil – Urteile mit rationalen Argumenten; emotionale überzeugen in der Regel nicht.

5.3 Training: Aufgaben-Beispiel

Energiewende – Erneuerbare Energien in Deutschland als Baustein für die Zukunft

1. Beschreiben Sie die Entwicklung des Primärenergieverbrauchs in Deutschland von 1990 bis 2011 (M 1).

2. Erläutern Sie Folgen und Probleme der „Energiewende" in Deutschland (M2 – M4).

3. „Erneuerbare Energien sind im Hinblick auf Wirtschaftsleistung und Lebensstandard ein wichtiger Baustein für Deutschlands Zukunft." Nehmen Sie Stellung zu dieser Aussage.

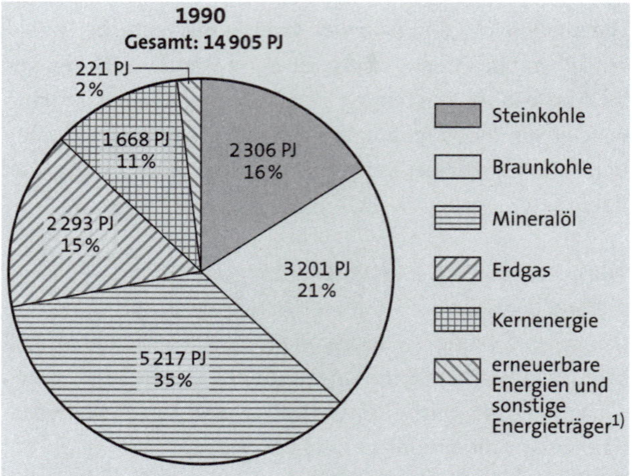

1) bis 1999 erneuerbare Energien mit sonstigen Energieträgern, ab 2000 getrennte Erfassung

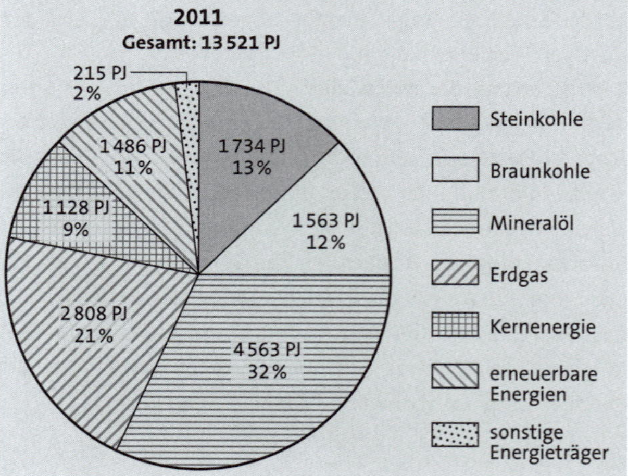

1 Entwicklung des Primärenergieverbrauchs in Deutschland nach Energieträgern

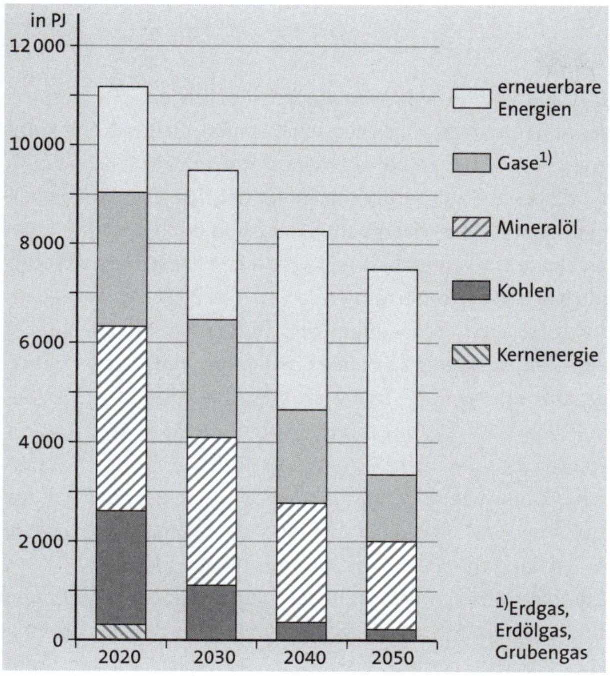

2 Struktur und Höhe des Primärenergieverbrauchs in Deutschland im „Leitszenario 2010"

Energieträger	2002	2007	2012	2023
Braunkohle	159,0	155,1	159,0	92
Steinkohle	134,6	142,0	118,0	83
Kernenergie	164,8	140,5	99,5	0
Erdöl, Erdgas und Erdölprodukte	61,6	85,5	79,0	3 Erdöl 74 Erdgas
erneuerbare Energien	46,1	87,5	136,2	237
sonstige	18,2	26,6	26,0	21
Gesamt	**586,7**	**637,2**	**617,6**	**510**

3 Stromerzeugung in Deutschland nach Energieträgern 1992–2023 (Prognose) (Mrd. kWh)

Eine zentrale Bedeutung für die Energiewende kommt dem Erneuerbare Energien Gesetz zu. Damit ist das Gesetz von 2009 gemeint, das 2012 novelliert wurde und für das 2013 weitere Reformvorschläge gemacht wurden. Dabei werden bei den verschiedenen Energieträgern deutliche Akzente gesetzt: Gut die Hälfte der Aufwendungen zur Umsetzung der Gesetzesziele fließt z.B. 2013 in die Solarenergie (53,3%), weitere 26,2% in die Förderung der Biomasse sowie 16,9% in die On-Shore-Windkraftanlagen. Der Rest geht in Off-Shore-Windanlagen, Wasser und Geothermie. Ein Problem sind die Kosten. Zusammen mit z.B. dem Auffangen von Defiziten oder der Bildung von Rücklagen entstehen 2013 Gesamtkosten von über 20 Mrd. Euro. Bezahlt werden diese vor allem über den Strompreis von den Verbrauchern (Privathaushalte, Wirtschaft). Trotz der starken Senkung der Subventionen durch die Photovoltaik-Novelle 2012 fallen die höchsten Kosten noch immer für die Solarförderung an, nämlich 2,207 ct/kWh von insgesamt 5,277 ct/kWh.

4 Erneuerbare Energien Gesetz (EEG)

M1 Arbeitsgemeinschaft Energiebilanzen, Auswertungstabellen zu Energiebilanzen für die Bundesrepublik Deutschland 1990–2011, Stand 09/2012
Unter: http://www.umweltbundesamt-daten-zur-umwelt.de/umweltdaten/public/document/downloadImage.do?ident=24827, Zugriff 04/2014
M2 Nach: Bundesministerium für Umwelt, Naturschutz und Reaktorsicherheit 2010 (Hrsg.): Leitszenario 2010 – Langzeitszenarien und Strategien für den Ausbau erneuerbarer Energien in Deutschland, http://www.umweltbundesamt-daten-zur-umwelt.de/umweltdaten/public/document/downloadImage.do?ident=24828, Zugriff 04/2014
M3 Daten bis 2012 nach: Statistisches Bundesamt, Bundesministerium für Wirtschaft und Technologie, BDEW Bundesverband der Energie- und Wasserwirtschaft e.V., Statistik der Kohlenwirtschaft e.V., AG Energiebilanzen e.V. Daten für 2003 nach: Konsequenzen eines Ausstiegs aus der Kernenergie bis 2022 für Deutschland und Bayern. Eine Studie der Prognos AG, im Auftrag der vbw. Stand: Juli 2011
M4 Arno Kreus: GS-Kursmaterialien Energiewende. In Geographie und Schule. 35. Jg. Heft 202 Oktober 2013, S.1

Lösungshinweise

Aufgabe 1

Noch 1990 spielten die erneuerbaren Energien beim gesamten Primärenergieverbrauch (M 1) mit 1,5 % Anteil erwartungsgemäß nur eine verschwindend geringe Rolle. Es dominierten die fossilen Brennstoffe Stein- und Braunkohle sowie Erdöl und Erdgas. Die beiden ersten kamen als heimische Energieträger immerhin auf einen Anteil von zusammen 37 %. Selbst die Kernenergie mit ihrem beschränkten Einsatzbereich in der Stromerzeugung erreichte einen fast achtfachen Anteil gegenüber den regenerativen Energien. 2011 hat sich demgegenüber ein deutlicher Wandel vollzogen: Der Anteil der erneuerbaren Energien ist auf 11 % gestiegen; eingesetzt werden sie in der Stromerzeugung, im Wärmemarkt sowie in Form von „E10" im Kraftstoffsektor. Auch die anderen, traditionellen Primärenergieträger haben einen Bedeutungswandel erlebt. So gingen die Anteile der beiden Kohlen auf zusammen knapp ein Viertel zurück, und durch die Stilllegung erster Atomreaktoren im Rahmen des Atomausstiegs sank auch der Anteil dieser Energieform auf 8,7 %, lag also 2011 bereits unter dem der erneuerbaren Energien.

Aufgabe 2

Das „Leitszenario 2010" ist in dem Diagramm M 2 ganz auf die Zukunft, also auf die Zeit ab 2020, beschränkt. Es zeigt schon in diesem Jahr nur noch einen ganz kleinen Anteil an Kernenergie, da der Ausstieg aus ihr ja bis 2022 abgeschlossen sein soll. Trotz der eindeutigen Dominanz der fossilen Energieträger fällt der schon ansehnliche Anteil erneuerbarer Energien am gesamten Primärenergieverbrauch auf. Das korrespondiert mit den Aussagen des EEG (M 4), dass bis zu diesem Jahr ein Anstieg auf 18 % angestrebt wird. Die staatlichen Fördermaßnahmen durch das EEG machen sich also bemerkbar. In den Folgejahrzehnten sind, neben dem Wegfall der Kernenergie, vor allem drei Entwicklungen zu beobachten:

- Der Gesamtverbrauch an Primärenergie soll kontinuierlich sinken – durch energiesparende Maßnahmen und Techniken.
- Der Anteil der erneuerbaren Energien soll beständig steigen und im Jahr 2050 bei über 50 % liegen; das wäre eine deutliche Maßnahme zum Klima- und Umweltschutz, vor allem durch eine drastische Verringerung des CO_2-Ausstoßes.
- Zwar sollen auch die Anteile der fossilen Brennstoffe Erdöl und Erdgas sinken, besonders dramatisch aber ist der prognostizierte Rückgang bei der Kohle. Das hängt sowohl mit dem Ende des deutschen Steinkohlenbergbaus (2018) zusammen als auch mit dem Auslaufen der Förderung unseres einzigen importunabhängigen Energierohstoffes Braunkohle, den man hinsichtlich der CO_2-Emissionen besonders kritisch sieht, um die Mitte dieses Jahrhunderts herum.

Das Bild wird in M 3, wo es ausschließlich um die Stromerzeugung Deutschlands geht, noch einmal verstärkt. Die Kernenergie geht von einem höchsten Anteil im Jahr 2002 bis zum Jahr 2023 auf null zurück (Atomausstieg). Da auch der einheimische Steinkohlenbergbau endet, sinkt auch der Anteil dieser Kohle stark; gesichert wird er durch billigere Importkohle. Auch die Braunkohle verliert, so ist die Planung, an Bedeutung. Da auch Erdöl, Erdgas und Ölprodukte bis 2023 einen (leichten) Rückgang zu verzeichnen haben, muss trotz der insgesamt niedrigeren Stromerzeugung im Jahre 2023 der Bedeutungsverlust der genannten Energieträger kompensiert werden. Das geschieht – auf der Basis des EEG – durch die erneuerbaren Energien. Ihre jährliche Stromerzeugung erfährt zwischen 1992 und 2023 fast eine Verzwölffachung, und sie sollen dann rund 46,5 % der Stromerzeugung leisten.

Die Folgen hinsichtlich der Bedeutung einzelner Energieträger sind also gravierend. Allerdings gibt es auch ein wesentliches Problem, nämlich die Kosten. Die Stilllegung von Kraftwerken, aber noch viel mehr die Neuinstallation z. B. von Offshore-Windparks und Leitungstrassen kostet viel Geld, das gerade auch der Verbraucher über einen erhöhten Strompreis mit aufbringen muss. Das aber fällt besonders einkommensschwächeren Personen bzw. Haushalten schwer.

Aufgabe 3

Bei der Bewertung des Satzes „Erneuerbare Energien sind im Hinblick auf Wirtschaftsleistung und Lebensstandard ein wichtiger Baustein für Deutschlands Zukunft" muss man zweierlei bedenken: Deutschland ist eines der bedeutendsten Industrieländer der Welt und mit führend bei den Exporten von Waren. Für die Herstellung industrieller Güter ist aber Strom völlig unverzichtbar. Man braucht also eine sichere, zuverlässige Stromversorgung, um den Status als führende Wirtschaftsnation zu erhalten.

Eng verknüpft mit diesem Status ist der Wohlstand, den die weitaus größten Teile der Bevölkerung haben. Je höher aber der Wohlstand, desto größer ist erfahrungsgemäß auch der Stromverbrauch. Um unseren Lebensstandard zu erhalten, ist also ebenfalls eine zukünftige Energiesicherheit notwendig.

Wenn man nun aus Gründen des Umweltschutzes (fossile Energieträger) oder der Sicherheit (Atomkraft) von den traditionellen Primärenergieträgern abrückt, dann sind tatsächlich – so wie im Zitat gesagt – die erneuerbaren Energien ein wichtiger, ja sogar unverzichtbarer Baustein für Deutschlands Zukunft. Allerdings belastet ihr Ausbau auch persönlich die Zukunft mancher Bürger durch steigende Strompreise.